为什么聪明人也会做傻事

黄仁杰/编著

中华工商联合出版社

图书在版编目(CIP)数据

为什么聪明人也会做傻事 / 黄仁杰编著. -- 北京 : 中华工商联合出版社，2020.11

ISBN 978-7-5158-2880-0

Ⅰ.①为… Ⅱ.①黄… Ⅲ.①成功心理–通俗读物 Ⅳ.①B848.4–49

中国版本图书馆CIP数据核字（2020）第 195971 号

为什么聪明人也会做傻事

编　　著：黄仁杰
出 品 人：李　梁
责任编辑：李　瑛　孟　丹
责任审读：郭敬梅
责任印制：迈致红
出版发行：中华工商联合出版社有限责任公司
印　　刷：北京毅峰迅捷印刷有限公司
版　　次：2022 年 1 月第 1 版
印　　次：2022 年 1 月第 1 次印刷
开　　本：710mm×1020mm　1/16
字　　数：150 千字
印　　张：13.75
书　　号：ISBN 978－7－5158－2880－0
定　　价：58.00 元

服务热线：010－58301130－0（前台）
销售热线：010－58302977（网店部）
010－58302166（门店部）
010－58302837（馆配部、新媒体部）
010－58302813（团购部）
地址邮编：北京市西城区西环广场 A 座
19－20 层，100044
http://www. chgslcbs.cn
投稿热线：010－58302907（总编室）
投稿邮箱：1621239583@qq.com

前言

PREFACE

在我们身边，生活着很多聪明人，他们并非是小聪明，也并非是伪聪明，他们反应敏捷，思维活跃，逻辑清晰，却总能做出一些看起来并不聪明的事，比如相信谣言，比如轻信伪科学，甚至会做出一些看似很愚蠢的事情，以至于我们怀疑他们到底是不是真的聪明人。

其实，这些聪明人犯的错误，并不能简单地用“他们并非是真的聪明所以才犯错”来解释，因为这涉及到了群体思维、从众效应、权力服从以及社会影响等多种外界作用力的干预，换句话说，是这些聪明人更容易掉进认知陷阱中。

事实上，我们对“聪明”一词存在着三种误区。

第一个误区，我们往往认为聪明就代表着智力的绝对高值，但其实“智力”包含着“适应性决策”这个重要的组成部分，然而在现实生活中，我们很难直接测量这个指数，因为它和我们一般认为的理性思辨、逻辑缜密并没有直接关联，是一个较为冷僻的存在，这就让我们容易忽视聪明人在这方面的真正能力。

第二个误区，我们往往认为聪明就代表着情商也不会很低，可智商和情商是两个不同的指数，虽然人的情商可以随着年龄增长和阅历养成获得一定程度上的提高，但在一些关键组成上如情绪识别、社会交往等方面，个体之间会存在着巨大差异，这也就直接导致了聪明人会在某个时候因为情商降低智商，做出愚蠢的行为。

第三个误区，我们往往认为聪明人都是擅长分析的，然而在智商测验中并不能直接检测出“擅长分析”这个项目，它同样是一个很难量化的指数，所以很多聪明人在这方面的表现是无法直接观察到的，只能通过特定情境、特定事件中的反应去判断，于是就产生了聪明人突然犯傻的特殊现象。

认知能力是指导我们如何工作和生活的重要技能，但你被“聪明人做蠢事”这种现象震惊到的时候，恰恰说明你没有真正理解认知能力是如何在我们大脑中运转的，它需要的不仅是高智商作为“运行”基础，也不能单靠社会经验来提升，而是对一个人综合思维能力和情商的全面检测。

本书通过介绍一些经典的心理学实验去阐述四十多个常见的心理现象，涉及到了心理学、社会学以及人际交往常识等多方面的知识，形象直观地帮助大家了解聪明人是如何办傻事的，目的是引导和提醒人们不要重蹈覆辙，因为在我们生活的世界里，绝对意义上的“蠢人”是少之又少的，所以聪明人会犯的错，大多数人也有可能中招，这也是本书撰写的主要目的：告诫人们不要被认知谬误影响了判断。

当你阅读完本书之后，会意识到那些看似愚蠢的行为，其实背后也是由另一种逻辑在推动的，这也是人类为什么在思维能力不断提升的今天仍然会犯错的根本原因。找到并分析犯错的根源，才能避免我们成为别人眼中的笑话。

目录
CONTENTS

第一章 Chapter 01

你以为的就是真的吗？

第二章 Chapter 02

你以为自信就够了？

第三章 Chapter 03

你以为你的逻辑没问题？

第四章 Chapter 04

你以为自己活得很潇洒？

第五章 Chapter 05

你以为情商都是本能反应？

第六章 Chapter 06

你以为通讯录有几千人，人缘就很好？

第七章 Chapter 07

你以为有成功的潜质就能走向人生巅峰？

CHAPTER 01

第一章

你以为的就是真的吗？

1 剃刀定律：你以为是你帮了大忙，其实是害人不浅

“帮一把，应该的。”

生活中要是听到这句话，估计换谁都会心头一热。可也有某些时候，要是真有人说了这句话，估计你想骂人的心都有了，不信？那看看这条新闻。

一位姓杨的女士天生是热心肠，和身边一位男同事关系不错，两个人又住在同一个小区，所以平时谁家有点事都伸把手帮个忙。有一次，这位男同事和老婆闹矛盾，杨女士也不知道怎么开了顺风耳的技能就知道了，二话不说就上男同事家劝和，可这一去着实把男同事的老婆惊呆了：我们两口子吵架，怎么把你招来了？于是这位夫人脑洞大开，学起福尔摩斯来了个推理：肯定是我老公跟你诉苦来着，你

们俩有故事！就这样，一男一女的战争变成了两个女人的战争，不到一天的工夫，整个小区都知道了杨女士的“绯闻”，她也顺便得了个“小三”的不雅称号。

有人觉得，这是狗咬吕洞宾不识好人心，其实是杨女士热心有余情商不足。夫妻之间闹矛盾，最简单的解决方案不是第三方介入，而是两个人自动和好，因为无论谁介入都会把问题复杂化，比如女方的娘家人或者男方的七大姑八大姨。

不过回头想想，杨女士虽然算是多管闲事，但她的出发点是好的，她想帮助男同事解决问题，优化人际关系，人人为我我为人人嘛，所以就被一条心理定律坑了——奥卡姆剃刀。

“奥卡姆剃刀”是14世纪由英格兰逻辑学家威廉提出来的，它的定义就像它的理论一样简单：“如无必要，勿增实体。”因为听着过于简单，我们不妨借用牛顿的一段话作为解释：“自然界不做无用之事。只要少做一点就成了，多做了却是无用；因为自然界喜欢简单化，而不爱用什么多余的原因来夸耀自己。”

剃刀定律听着简单，可真要做起来就难了，因为有些人总觉得自己掺和进来能让世界变得更美好，可这么一折腾，就反映出了一种境界和格局上的狭小。

从前有一个聪明人，很会讲道理，万事都看得很透。有一天，他在寺庙里忽发感慨，对佛祖说：“佛祖啊，以我的智商绝对可以代替您，因为您坐在上面一句话都不说就能让人敬畏，更不要说我还会帮人开解了。”佛祖很大度，真的让这个人代替了自己的位置。很快，有三个人来拜佛。第一个是求财的商人，第二个是想要钱给丈夫看病的妇女，第三个是渴望出海平安的渔民。结果，商人临走时把钱包落在铺垫下面，被妇女捡到了，轮到渔民叩拜时商人赶回来，以为钱被渔民拿走了，二人就打在一起。这时，坐在莲花座上的聪明人忍不住点拨：“别打了！商人的钱是妇女拿走的！”于是，商人追了出去。

聪明人以为自己化解了一场纠纷，可佛祖给他看了两幅画：第一幅是妇女救活了丈夫，商人打伤渔夫，渔夫没有出海，商人被带到了衙门，妇女的丈夫康复后成为商人的得力助手，两人都发了财；第二幅是妇女的丈夫病死了，家破人亡，渔夫第二天出海遭遇海啸死亡，商人拿着钱回家因意外坠入山谷。

聪明人看完两幅画半晌无言，佛祖告诉聪明人：通过机缘达成心愿，而不是依靠外力，这就是佛和凡人的区别。

想想看，妇女拿走了不会影响商人生活的一点钱给丈夫治病，这是最简单的解决方案；渔夫因伤躲过海啸，比说服他不出海要容易得多；商人找到一个帮手致富也是天赐机缘。总而言之，三个人完成心愿的“解决路径”都是最短的。

听到这里，你是不是受到一点启发呢？

奥卡姆剃刀的原理简单易用，在今天已经成为一种被广泛使用的方法论。

某厂商曾经引进一条香皂生产线，产能不错，但是存在设计缺陷，时不时地会有几个空盒子流出来——肥皂没装进去，结果流入市场造成了很坏的影响。后来，公司聘请了一个专业自动化的博士后，成立了一个十几个人的科研攻关小组，综合采用了机械、微电子以及X射线等多种技术，耗资百万最终解决了问题，每当生产线有空盒子经过时都会被探测器检测到，然后一只机械手臂把它推走。后来，中国南方有个乡镇企业也引进了同样一条生产线，一个小组长花了100元钱解决了问题——用一台风扇在生产线旁边猛吹，空盒子都被吹走了。

这个故事有着很多版本，现在也是真假难辨，不过它的确证明了奥卡姆剃刀的合理性：费了那么多力气去检测空盒子，为什么不用一阵风把它吹走？当然，我们讽刺的不是高科技和高学历，而是这种思维方式。掌握高精尖的知识没错，关键在于有没有更简单的解决办法。所以，奥卡姆剃刀的另一种表达就是：当你有两个处于竞争地位的理论能得出同样的结论，那么简单的那个更好。

为什么无印良品在中国那么出名呢？就是因为它奉行了剃刀定律，采用了大道至简的原则：花哨的设计方案统统枪毙，选择最简洁的；多余的功能统统放弃，选择最实用的，最后就是用简约和实用来解决问题。

“世上本无事，庸人自扰之。”我们不得不承认，现代社会和过去相比更复杂了，高速发展带来的是快节奏的生活，经济转型快，结婚生子快，大家为了解决房子、票子、孩子等问题，都在不断地做加法，自认为在提出解决方案，结果往往是越出力越坏事。所以，与其脑洞大开地列出几十个解决方案，不如静下心先排除干扰选项，找出一个最简单的解决办法。

2 心理投射：

你以为所有人和你一样不爱吃五仁月饼？那月饼卖给谁了？

每到中秋节，网上都会冒出一个话题：五仁月饼有多难吃？此话题一出就炸开了锅，不少网友纷纷诉说五仁月饼给自己留下的“童年阴影”，甚至有一年还搞出了“把五仁月饼踢出月饼界”的话题。当然，也有不少人表示五仁月饼也挺好吃的，愤愤不平地要给它平反……结果双方各执一词，打起了让人哭笑不得的口水仗。

就是这么一块小小的月饼，暴露出最常见的一种认知心理现象：心理投射。

心理投射也叫投射效应，意思是把自己的某些特点归因到他人身上的倾向，表现为在认知和对别人形成初步印象时，总会下意识觉得对方和自己具备相似的特征，所以就自然而然地将自己的感情和意

志强行加给对方了。打个比方，一个重金属音乐发烧友参加派对，一边播放震耳欲聋的音乐，一边看着对他礼貌微笑实则咬牙切齿的陌生人：“嗨，怎么样，很不错吧？”一个平时就喜欢算计别人的家伙，开会时看到某部门的死对头瞄了自己一眼，心中忍不住会想：“这小子又在打什么鬼算盘？！”

同理，不爱吃五仁月饼的人会觉得别人也不爱吃。

心理投射几乎在每个人身上都或多或少地发生过，只不过有的人的念头一闪而过，有的人却深度中毒，可无论轻重都要遗憾地告诉你：那是病，得治。

心理投射本质上就是拒绝认真观察别人的真实情况而妄下结论，说得再专业一点，心理投射是一种认知障碍。

不过，有一件事更有意思，很多聪明人恰恰喜欢心理投射。

《庄子》中记载了这样一段故事：庄子和惠施在濠水岸边散步，庄子说：“河里那些鱼儿游动得从容自在，它们真是快乐啊！”旁边的惠施马上反问：“你不是鱼，怎么会知道鱼的快乐呢？”庄子说：“你不是我，怎么知道我不了解鱼的快乐？”惠施回答：“我不是你，自然不了解你；但你也不是鱼，一定也是不能了解鱼的快乐的！”

庄子是一个聪明人，却聪明地认为自己能够揣摩出鱼的想法，其实这也是很多聪明人的下意识反应。说到这里，心理投射忽然有了一个孪生兄弟，叫“以己度人”。

从词义上讲，“以己度人”好像不是什么褒义词，那为什么聪明人会跟它扯上了关系呢？原因很简单，以己度人有时候还是挺管用的。

如果你是一个老板，喜欢钱，也喜欢名望，那么也认为你的员工和你一样喜欢钱和名望，于是就用提成和奖状去激励他们不断努力创造更多的经济效益，这种以己度人错了吗？应该没什么问题，因为喜欢名利是世界上绝大多数人的想法。

然而问题来了：如果你有幸雇了一个极少数的不爱名利的员工，这招还管用吗？

北宋大文学家苏轼和佛印禅师是好朋友，两人经常在一起饮酒作诗，偶尔也互相开开玩笑。一次，苏轼和佛印在一起打坐参禅，苏轼看到佛印一动不动，忽然灵光一现想要戏耍他一下，就问：“大和尚，你看我坐在这里像什么？”佛印连看都没看一眼就说：“你坐在那里像一尊佛。”苏轼一听喜上眉梢，接着问：“你知道我看你坐在那里像什么吗？”佛印摇头，结果苏轼说：“你坐在那里就像一坨牛粪。”没想到佛印沉默无言，苏轼更加得意，回家之后跟妹妹说了这件事，结果妹妹鄙视地看着他说：“参禅讲的是见心见性，心里有什么，看见的就是什么。佛印说你是一尊佛，证明他心中有佛，你说佛印是牛粪，你的心里装的是什么？”苏轼一听才觉得自己是吃了亏。

这就是以己度人的大型翻车现场。

以己度人，有时候暴露出的是对自己的嫌弃。比如你是一个见了陌生人就心跳120迈的人，结果遇到了一个见生人就心跳140迈的主儿，于是就下意识地讨厌他，说不准还会来一句："你看那小子真怂！"冷静一下吧，你讨厌的不是他，而是你自己。

热播情景喜剧《家有儿女》中，有一集讲述了刘梅因为误会夏东海脸上有口红印而吵了起来，最后负气出走。夏东海意识到自己处理问题不当，就急着出去找她，半路遇到了一个出来找狗的老头儿，老头儿口口声声喊着爱犬为"老伴儿"，夏东海则喊着"梅梅"，最后俩人一起坐了下来。老头儿看着夏东海说，天黑了不好找啊。夏东海回了一句"是啊"，结果老头儿又担心地说，得看着点，小心咬着人。夏东海这才注意到老头脚下的狗，知道他们两个都误会了对方。

老头儿和夏东海都在同一时刻犯了"以己度人"的毛病，而他们揣摩对方的动机里都有内疚、埋怨自己的成分，所以脑子就被感性的细胞占领了高地，问也没问就把人和狗混为一谈了。通过这个故事可以发现，心理投射是可以避免的。

一方面，我们要学会多沟通，避免先入为主。

有些聪明人，可能是把自己想象成了洞察天命的智者，总是一副"天机不可泄露"的样子，看到什么就直接"脑补"给出了答案，根本懒得问人家到底是怎么回事。这种装高冷换来的多半是误会和笑料，其实只要一句话就能帮你确认，何必那么自信地瞎猜呢？

另一方面，我们要学会多思考，避免漏掉线索。

有时候我们观察到的事并没有可以询问的对象，那也不要紧，先用眼睛看一遍，查查都有什么线索，然后在脑子里想一遍，琢磨一下这么推断是否合理，最后才可以从嘴里说出来，而不是过分依靠直觉。

回头看看，聪明人喜欢心理投射，其实是喜欢生活在自己创造的小世界里，这里一切都是按照他们的想法来的，有什么愿望都能如愿以偿，于是浑身上下都充满着掌控感……好了，醒醒吧，这些喜欢心理投射的“聪明人”，你们和真正的聪明人只差一盆冷水。

生活是美好的，可总有些不尽人意的地方，不会因为你的想法而改变。当然，心理投射也不是什么“绝症”，它不过是我们的主观意识过于强烈而已，所以我们要用适度的理性驱散它，消除它带给我们的负面影响。

如果你是一个聪明人或者想要成为真正的聪明人，不妨冷静地思考一下：我们和别人既是相同的，也是不同的，我们需要经过多方面的、持久的接触才能客观地了解一个人，我们要学会换位思考，真正站在对方的思维和情感的角度，而不是让我们灵魂出窍进入对方的身体，那不叫换位，叫以己度人。

真正聪明的人，既不会轻信于主观，也不会偏听于客观；既不会完全依赖感性，也不会完全遵守理性。学会辩证地、一分为二地看待人和事，试着多一些倾听，多一些沟通，少一点武断，试着忍耐三分钟，或许你会对刚才某个“讨厌的家伙”肃然起敬。

从现在开始，别再逢人就问：“你也不爱吃五仁月饼吧？”

3 结果偏误：
你以为是靠自己成功？其实有人帮了你

现在是一个焦虑的时代，几年前那篇《你的同龄人正在抛弃你》的文章刷爆朋友圈之后，多少人一夜睡不着觉，都幻想着自己有朝一日也能成为“马爸爸”。正因如此，成功人物的致富心经依然畅销不衰，像什么“马云从来没说过的成功秘诀”“听了这些话你就能成为李嘉诚”之类的文章隔三差五问候你的朋友圈。客观地讲，向大佬学习经验，减少试错成本，这还真是聪明人会干的事儿。可问题在于，聪明人往往会掉进思维陷阱，它就是“结果偏误”。

什么是结果偏误？它是指我们往往愿意倾向于结果，用结果的质量来评判你的决定，而不是用决定本身的质量。简单说，就是以成败论英雄。

现在，我们来玩一个小游戏。

给你一枚硬币，99%的概率可以抛到正面，只有1%的概率是反面，猜中就给你100元钱，猜错罚你100元钱，你会选择哪个面呢？估计只要不是喝多了，大部分人都会选择正面，因为概率摆在那儿嘛！可是万一你运气实在“太好”，碰上了那1%的概率，输了100元钱呢？估计你很可能会觉得选择正面是个错误的决定，因为你以前掷硬币都是反面多嘛！或者你会觉得自己天生就是幸运儿体质，中标1%才是常态……总之，你会七七八八想一堆埋怨自己的话，但是请你冷静下来想想：从概率上讲，你当初的选择有错吗？没错。但是最终的结果影响了你的判断。

想想赤壁之战，有多少人看到这段历史时拍案而起，大骂曹阿瞒愚蠢透顶？连环大船明摆着会被火烧啊，为什么还敢做这样脑残的决定呢？可是，难道曹老板不知道连环大船怕火攻这个致命的弱点吗？当然知道，人家还特意调查了赤壁一带的天气，确定只有西北风才放心大胆地把船连在了一起，只是在最关键的一战变成了东南风，这才有了一段惨败的黑历史。

说曹操不够聪明的人，的确是把赤壁之战的前前后后看明白了，记忆力和理解力都没问题，可他们走进了一条岔道，那就是他们的结论是以赤壁之战结果来推断的，根本没有代入到曹操当时身处的环境之中。不过，煮酒论英雄，品茶谈历史，说点主观的话也没什么大碍，可如果在生活中犯了这种错，那付出的成本可就无法估量了。

记得周星驰的电影《破坏之王》吗？在影片里，周星驰饰演一个混迹底层的外卖小子何金银，看中了钟丽缇饰演的女神阿丽，因为两人差距过大，何金银没敢表白，直到有一次，阿丽和柔道部的主将黑熊闹矛盾，正好何金银路过，阿丽为了气黑熊亲了何金银一下，结果就是这一吻让何金银顿时鼓起了勇气，他认为生活还是充满奇迹的，女神也有可能爱上屌丝，于是一根筋地展开了对阿丽的追求。后来，何金银知道阿丽是利用了自己，可他还是不愿意放弃，最终抱得美人归。

因为是喜剧电影，何金银和阿丽的结局是美好的，可如果放在现实生活中，何金银的结局会是怎样呢？他不是被阿丽的某一个男友打个半死，就是惨遭N次拒绝后患上创伤后应激障碍，因为他被结果偏误坑惨了，认为自己有机会追上女神，那个吻就成了励志的动力。当然，何金银不能说是多么聪明的一个人，可他原本是有自知之明的，知道女神不会看上自己，可即便如此，他仍然会因为一个意外的吻否定了之前的正确决策——别癞蛤蟆想吃天鹅肉，没有看到当初那个吻其实是黑熊帮了自己。

结果偏误，会让人得出错误的结论，然后在一条错误的道路上越走越远。你还别不信，说不定有一天，你会看一群猴子写的《炒股心经》呢！为什么？

我们随便从动物园或者山里抓出100只猴子，让它们在股市上随机买卖股票，过了一年，肯定会有猴子赚钱，也会有猴子赔钱，再过一年，赚钱的猴子可能剩下了一半，再过几年，可能就剩下了一只猴子，那它可就是猴界中的巴菲特了！这么大名气的猴子肯定会被媒体采访，然后媒体会总结出一堆成功的秘诀，比如爱吃香蕉，喜欢头朝下睡觉，喜欢把别的猴抓虱子的时间用来思考……总之一定能挖出一些猛料，然后出版成书，你敢说你不会买吗？

这只幸运的猴子，何尝不是你自己呢？

不管你爱不爱听，都得明白一个事实：坏的结果未必都是你的全责，好的结果也不都是你的功劳。只是，出现坏结果的时候我们会去找外因，然后甩锅给别人，可出现好结果的时候就会从自己身上找闪光点，结果在错误的路上越走越远。就拿那只猴子来说，如果在下一年度把钱都给它投资股票，你敢保证能赚钱吗？也许猴哥一把火烧了华尔街也说不定。所以，我们要相信，好结果不等于好决策，它可能只是一个幸运的概率。

闭上你的眼睛，想想这一个月以来做过的最成功和最失败的决策，不用说，你能想起来的最好的决策肯定是给你带来好结果的，最失败的决策是带来坏结果的。明白了吗？你根本不会从计划本身去考虑，这是绝大多数人容易犯的错误。

既然结果偏误有这样大的危害，我们能不能克服它呢？其实，想要避免这种事并不难，以后再复盘一次决策，问自己四个问题。

第一，你为什么会作出这个判断？答案如果是通过结果，那就值得怀疑，如果是过程，你才有资格继续问第二个问题：你是通过哪些信息来判断的？打个比方，有的人初中文凭却当了老板，你说学历不重要，可有的人上大学照样获得了成就，所以“初中毕业”这个信息就不是最关键的，你要找其他更可靠的信息，比如这些成功人士身上的品质、能力等。解决了第二个问题后进入第三个问题：你作出判断时征求了别人的意见了吗？如果没有，那又得打一个问号，如果有就能进入第四个问题：你真的有必要去作这个判断吗？

其实，这个问题才是最重要的，也是结果偏误的“病根儿”。为什么我们非得分析一个偶然性的事件背后的原因，然后用这个原因再去得出某个判断呢？说来也有些尴尬，往往越是聪明的人，越会觉得一件事情结束了总得来个分析报告，结果就分析出了荒唐的判断。

说到底，真要想从源头上掐断结果偏误，还是要以宽怀的心态去看这个世界，别一失败了就抹黑全天下，要以客观的视角看自己。也别一侥幸成功了就给自己脸上贴金。只要心态平和了，细枝末节就不去计较了，而它们往往就包含着随机性和外因性。总而言之，多享受过程比什么都重要，这才是善待自己、善待整个世界。

4 透明度错觉：

你以为有人注意你，其实根本没人看你

如果你谈过恋爱，有没有经历过这样的场景：在一个美妙的盛夏，你和情人漫步在公园中，突然口渴，你和情人相视一笑，对方自告奋勇地过去给你买饮料，你坐在清凉的长椅上等待那个身影的归来，可当对方捧着一瓶百事可乐来到你面前时，酷暑的炎热顿时荡然无存，只剩下内心的颤抖和冰冷，暴怒的你指着百事可乐说：“为什么不是美年达？！为什么？”

你以为别人知道你的想法，其实是你想多了。不过，这也不是矫情，恰恰是因为你很聪明，因为你想和情人制造一点小情趣，因为你想通过一件小事验证对方是不是真的懂你、爱你？相反，如果是一个心思简单的人，想要喝什么就会直接跟对方说，根本不会拐弯抹角。

别小看这种聪明，不仅谈恋爱会做这种事，工作上也一样。某

天，老板交代给你一个任务，你二话不说接过来，绝不会问那么多细节，这是因为你想让老板看出你们是默契的，然后就会升职加薪迎娶白富美走上人生巅峰……然而很快你就“杯具”了，原来你和老板并没有想到一块儿去，老板没说透是因为他觉得你肯定懂他，你没问清是觉得老板了解你才委以重任的……

这就是聪明人容易陷入的一种心理误区——透明度错觉，它是指人们会高估别人对自己的了解程度，或我们会高估自己对别人的了解程度，从而造成沟通中的误会。

国外曾经做过一个实验，邀请了40名大学生，两个一组，一个人演讲，另一个人观看，演讲结束后，演讲者和观众都要对演讲者表现出来的紧张程度打分（分数越高越紧张），结果演讲者给自己的平均打分是6.5分，观察者给对方的平均打分是5.5分。为什么会有这一分之差？因为演讲者认为，自己心里的紧张表现出来了，而事实上并没有。

当然，这个实验也让那些有社交恐惧症的人放心了：其实大家并没有那么关注你，你所谓的紧张和不适大部分都是自己造成的。

不过也别高兴太早，陌生人可能不那么在意你，可如果是在一段亲密关系中，对方很容易认为你应该理解他/她。人家生气了，什么也不说，指望着你能赔礼道歉，结果你却一脸疑惑不知道该怎么办，最后矛盾不仅没有解决，反而越演越烈，最后弄不好分道扬镳。可糟糕的是，聪明人就算知道透明度错觉，仍然不会直接说出来？为什么？

因为说出来会掉价，会失去在一段关系中的主动权。

这不就是聪明反被聪明误吗？也许你会说，老娘母胎单身不谈恋爱，那你可真是小看了透明度错觉了，它不仅会给人际沟通带来麻烦，还会给人的自我评价带来干扰，于是就关联了另一种心理现象——焦点效应。

焦点效应，直白说就是以自我为中心，这个同样是聪明人容易犯的错误，因为从生存策略上讲，让别人关注自己往往能够利益最大化，就像是会哭的孩子有奶吃一样。可问题在于，你以为别人关注自己了，其实对方并没有真的关注，这种一厢情愿反而会害了你。

美国有一位著名的指挥家、作曲家叫沃尔特·达姆罗施，他二十多岁就成为了乐队指挥，年少成名让他有些目中无人，觉得自己的才华无人能比。一天，乐队正准备排练时，达姆罗施忽然发现自己把指挥棒落在家里了，就打算派人去取，结果他的秘书说："没关系，向乐队其他人借一下就行了。"这让达姆罗施一脸困惑：除了乐队指挥谁还有指挥棒呢？虽然想不通，可他还是随口问大家谁能借给他一根指挥棒。结果，大提琴手、首席小提琴手和钢琴手都从上衣内袋里掏出指挥棒，这3根指挥棒一下子让达姆罗施清醒过来，他终于意识到没有谁是不可或缺的，他们一直在努力成为更优秀的人。于是从这一刻开始，每当达姆罗施思想松懈时，就会想到3根指挥棒在自己面前晃动的场景，这让他不断地鞭策自己。

达姆罗施的才华让他名气斐然，可这份才华也让他恃才傲物，误以为自己永远是乐队里众星捧月的焦点，幸亏他及时发现了真相，否则真的可能会被那些不被关注但默默努力的人超越。

聪明人有才华，恃才傲物就难以避免，所以更容易把自己当成焦点，结果不仅影响了和别人的关系，也会让自己活得很累。

看到这里，你还觉得透明度错觉不够坑人吗？既然是个坑，我们怎么才能避开它呢？

最简单的办法就是，不管和谁沟通，都尽量别让对方猜来猜去，有什么想法表达出来就好了。其实，人际沟通不过就是三个组成部分：因为一个客观事件（A）而产生了什么感受（B），所以我希望对方可以怎么做（V）。

划重点：客观事件、感受，怎么做。这些就是沟通的重点，无论三个元素中去掉哪一个，都可能影响到别人的情绪，进而影响到人际关系。

文艺点说，当一个人把自己看得很轻的时候，才有机会触摸到生命的真实。

这个世界上，每个人都有自己的价值，我们要做的就是摆正自己的位置，正确认识自我，不娇揉也不造作，即便你真的是别人注意的焦点，也应该保持适当的低姿态。这可不是逼着让你谦虚谨慎或者懦弱畏缩，而是一种真正聪明的处世之道，学会了才有人生的大智慧和大境界。

虽然透明度错觉和焦点效应会产生负面影响，可如果正确引导，也能变消极为积极。因为越是有透明度错觉心理的人，越容易进行自我审查，他们对自己的认知、情绪和行为的觉察度很高，既希望别人多关注自己，同时也在意别人眼中怎么看自己，所以聪明人都会尽量控制自己别在他人面前犯错误，而那些性格大条的人可能就不在意这些，自然也不容易有错觉产生。

同理，我们还可以利用透明度错觉和焦点效应，在社交中拉近交际双方的心理距离，比如适当地恭维对方，关注对方身上的一些微小变化，这样就会满足对方的心理需求，又不算是吹捧对方，何乐而不为呢？

最后送你一句印度诗人泰戈尔的名言：“天使之所以会飞，是因为她们把自己看得轻。”

5 控制错觉：
你以为比二哈聪明？是二哈让着你吧！

如今有一句很流行的话：“控制人生，从控制体重开始。”有的人把它当成座右铭来鞭策自己，这其实是一件挺正能量的事儿，和“一屋不扫何以扫天下”的逻辑差不多。可是，有的人却把这句话改成了“连体重都控制不了还谈什么控制人生！”乍一听好像意思差不多，可细心品味就能发现，第二句的潜在意思是“控制体重这件事并不是很难哟”，而第一句话仅仅是表达了一种努力做好的态度。

问题就出在这儿。

扪心自问，你真的能控制自己的体重吗？它仅仅就是体重秤上的数字吗？仅仅就是肉眼看不见的卡路里吗？没错，体重可以量化，甚至可以精确到毫克，可是减肥这件事是能够量化的吗？你确定是因为多跑了10公里减掉的还是因为失恋减掉的？你确定是因为少吃了10顿大餐减掉的还是因为苦夏减掉的？减肥看起来是个人的事，可它仍然充满了一部分不确定因素，可很多人偏偏愿意相信能够控制。

如果你觉得减肥这个例子还不足以证明人类对控制感的迷恋，那不妨想想你看过的影视剧里是否有这样的场面：在一家乌烟瘴气的赌馆里，输红眼的赌徒拿起几个骰子，亲了又亲揉了又揉，最后使劲往桌面上一扔，嘴里喊着“来个大的！”，如果想要一个小的，肯定是温柔地扔出骰子。你觉得赌鬼离自己身边太远？那好，用手柄玩过游戏或者看过用手柄玩游戏的人吧？有没有发现游戏角色在躲闪的时候，玩家也会一边操纵手柄一边做相似的动作？还有足球场上，球迷一边呐喊一边伸脚想要攻进一个世界波……没错，这些都是控制错觉。

控制错觉，就是人们会高估自己对事件的控制程度，而低估客观因素在事件中的影响程度。具体解释就是，人们习惯把世界理解成为一个有组织有秩序的世界，而不是一个杂乱无章的世界，相信能够采用很多巧妙的办法不去发现真相。用今天流行的一句话讲就是：人们只愿意看到自己想看到的。

家里养过二哈的人，看着这个上帝画狼的草稿在面前窜来跳去，扔出一个球就接过来，傻头傻脑地又交还给你，是不是有一种控制二哈的满足感呢？先别急着享受，如果你和二哈调换一下角色，你可能会盯着自己说：这个傻主人真烦，天天让我陪他玩！听着有点扎心吧？这是完全有可能发生的事儿。

有人觉得，二哈怎么想不重要，反正我开心就好。行了，控制错觉每时每刻都在影响我们的生活，甚至有可能左右我们的命运。不要觉得这是危言耸听，想想你自己，有没有听过老板鼓励你“只要努力工作就会前途远大”呢？结果是拖欠奖金和提成。当然，这并不意味着你傻，其实你恰恰是一个聪明人，懂得找目标作为动力来激励自己，也愿意相信自己的能力会逐步提高，可是这个聪明却把你结结实实地带进了控制错觉的大坑里。

控制错觉不仅是个大坑，还能随时变换形态去坑你。打个比方，你成功搞定一个客户签下了一个大单，得到了老板的表扬和小小的奖励，你就认为自己真的掌控了局面，然而事实上是客户跟原来的对接公司闹翻了，但是你绝对不会知道，更不会客观地分析自己是否有这个能力，你只会被控制错觉忽悠着认为自己能力出众，于是你的人生就被埋下了一颗定时炸弹。然后就在某一天，老板又给了你一个大客户，你兴高采烈地承诺下来，结果铩羽而归，从此被老板雪藏。

别以为只有普通人会掉进控制错觉的坑，成功人士也一样如此。

当年的西楚霸王项羽，力拔山兮气盖世，战场上耀武扬威，碰上了混混出身的刘邦，两个人交手多次，项羽明显占据上风，最夸张的是彭城之战，刘邦的56万大军被项羽的3万精兵打得丢盔弃甲，吓得刘邦连儿子都差点扔在半路上，所以项羽觉得自己无论是能力上还是出身上都超过了刘邦，夺取天下是分分钟的事。那么项羽不聪明吗？当然不是，他对当时的情况过于乐观了吗？也不算。问题在于，刘邦虽然打了败仗，可仍然有反击的能力，结果项羽误以为自己掌控了局势，主观的麻痹加上意外因素，最终导致项羽在垓下之战大败。

正是因为控制错觉让项羽过于自负，所以他没办法像刘邦那样接受失败，反观刘邦，一路上就是被挨打羞辱惯了的，自己的亲爹被绑起来要烤着吃他都吵着分一口，劣势之下的刘邦知道自己稍不留神就可能一败涂地，所以从来也没有产生过控制错觉，即使翻了车也能拍拍身上的土爬起来。

项羽的悲剧，可不是只在历史上发生。这几年，偶有博士生、研究生自杀的新闻，有的是名牌大学前途似锦，有的是家境殷实生活无忧，可他们自杀的理由却让人大跌眼镜：有因为毕业论文自杀的，有因为被女孩拒绝自杀的……你能说这些人不聪明吗？可他们干出这些傻事，不就是因为之前过于顺利了，以为自己已经掌控了人生，所以遇到点挫折就失了章法，这么大的落差谁受得了呢？于是精神就崩溃了。

和控制错觉一起坑人的还有一个小帮凶，它的名字叫“优于常人”。从字面上就能理解，它是我们高估自身对事物的发展，认为自己高人一等，而自动选择性无视“幸运”二字。正所谓不怕没好事就怕没好人，有了“优于常人”这个捣乱的心理效应，控制错觉才会让我们看不清世界的本来面目。

既然了解了控制错觉的危害，那么怎样才能避免它呢？给你推荐一个老师——斯多葛学派。

斯多葛学派是公元前300年左右在雅典创立的学派，他们提出了一个很有意思的心法叫做“控制二分法”，专治控制错觉。这个心法主张，我们必须正确区分哪些是自己可以控制的，哪些是不能控制的，把注意力集中在能够控制的并有勇气去做。

控制二分法的核心在于，你要认清可控边界，只关注边界内的事，至于外面的事情就顺其自然吧。那么，什么是边界内的事情呢？就是你个人的能力所能决定的事情。打个比方，你们公司准备参加一场大型投标活动，你负责写投标文件，能写成什么样是你能决定的，至于能不能中标，那真的是另外一回事。如果中标了，你可不能把功劳全都放在自己身上，要想想别人是否也付出了努力，想想竞争对手的报价是不是高得离谱了……总之，尽量少夸大自己，多专注于自身。

当你养成了这种思维习惯之后，即便遇到了投标不中的糟心事儿，也能尽快地解脱出来，因为你知道成败与否并不完全取决于自己，只要无愧于内心就是好同志。有人觉得这样是不是活得太累了？没办法，人的天性中就藏着一种控制欲，都希望自己能掌控世界，不搞点思维矫正是很难改过来的。最后，分享一句斯多葛学派代表人物塞内加的名言："困住我们的是幻象，而不是现实。"

6 归因谬误：

闹钟没响害你迟到？其实是懒癌发作

某天早上，你正懒洋洋地猫在被窝里做着春秋大梦，忽然耳边响起了老板训斥的声音，你打了个哆嗦爬起来，看表才知道距离上班还有20分钟……当你衣衫不整牙没刷净地跑到公司时，一点不意外地迟到了，于是这个月的全勤奖就和你说拜拜了。中午吃饭时，同事问你为什么迟到，你咬着牙根骂了一句："都怪那该死的闹钟没响！"

真的是闹钟没响吗？也许你根本就不想回答这个问题，因为你知道，没响的是你心里的那个"闹钟"，它被一个叫懒癌的家伙死死捂住了。

你觉得这是一个心智不成熟的人才能干出的蠢事儿吗？不，干这种事儿的人往往都是聪明人。

网上曾经有人发过这样一个帖子：他有一位资深HR的朋友，这位朋友有一次当面试官的时候，发现了一个各方面都特别优秀的小伙子，就打心眼里想把对方招过来，可就在这时，他忽然发现了一个奇怪的细节：这个小伙子每段职业经历都不长，于是就问对方为什么换工作，小伙子倒是挺实诚，说多次离职还真不怪自己，是公司倒闭了，结果不得不重新换了一家新公司，可是干了没多久新公司又倒闭了，于是周而复始……当资深HR听完小伙子的叙述后，看着对方委屈的表情，用比人家还委屈的声音告诉他："抱歉，我们不合适。"

根据发帖人的描述，这位HR是一个非常理性也很出类拔萃的人，为公司挑选过无数的精英骨干，然而，他还是因为那个小伙子身上的某种"神秘力量"而放弃了他。没错，这个"神秘力量"就是他每到一家公司，这家公司就要关门大吉。

可能你觉得这是一个段子，现代人每天接收这么多信息，怎么能相信这种迷信的东西呢？事实上，有这种思维的人还真不在少数。往大了说，这是人类对"因果"的一种痴迷。用科学点的词描述，就是"归因谬误"。

归因谬误也叫归因偏差，简单说就是人们有时候会有意或者无意地把个人行为及结果进行不准确的归因。说到"因"，就有人会想起"因果报应"，的确，这是很多人常挂在嘴边的一句话，特别是在看到一些行为不端的人受到惩罚之后，就会用这句话进行解释。从积极的方面讲，"因果论"能成为人约束自我的戒律。可是从消极的方面讲，它也会让人无端地背黑锅。

当然，“因果论”也很委屈，它本身是没毛病的。你把一个鸡蛋扔在地上，鸡蛋就会碎掉，那么“扔鸡蛋”是因，“鸡蛋碎掉”就是果。但是，在现实生活中，有的人会把自己的想法加入进来，从而混淆了真相。打个比方，今天外面下了瓢泼大雨，出门很不方便，于是就躺在床上睡大觉，这看起来是一对因果，但是你有没有想过穿上雨衣或者打着雨伞出门呢？或者是等雨停了、变小一点再出门呢？然而事实上你统统没有，因为懒，所以把责任都推到了下雨上。

现在明白了吧？当我们习惯于进行外归因（把原因归结到外部世界，相反就是内归因）的时候，就会自动屏蔽主观能动性，进入消极和被动的状态。就拿那个帖子里的HR来说，他本来看中了那个小伙子，可是却把他“只要入职公司就倒闭”的意外当成了一种因果关系，担心自己的公司也被拖下水，所以才拒绝录用他。

那么问题来了，为什么这些看起来很聪明的人，却会陷入归因谬误呢？这是因为聪明人都喜欢从现象背后挖出一些规律来，然后用这些规律来指导实践，避免自己犯错。应该说这个思路没问题，可很多人在加工信息这个环节上出了问题。

我们来看看两种常见的归因谬误。

第一种，一拧水龙头，水就出来了。

这一类归因是非常隐蔽的，可能你会说这句话没问题啊？拧水龙头，水闸就被放开，水自然就流出来了。可如果仔细琢磨一下就发现问题了：没有自来水公司，水能流出来吗？没有水库蓄水，水能流出来吗？如果外面的总水闸关上了，你把水龙头拧烂了也没用。所以，这就是一个伪因果问题。不过，聪明人很少会这么琢磨，因为在他们看来，水库也好，自来水公司也罢，通常是很少出问题的，因此可以忽略不计，只考虑水龙头就行了。但是这样一来，真正起决定作用的因素反而被忽视了，无关紧要的因素倒成了主角。

在赵本山和范伟的小品《卖轮椅》中，赵本山为了让范伟相信坐上轮椅以后智商就能提高，故意问那些回答过的问题，所以范伟才能对答如流，这才是真实的因果关系，可由于范伟被忽悠得失去了判断力，把“坐上轮椅”和“对答如流”当成了因果，最后上当受骗。其实，“坐上轮椅”是发出了一个信号，“拧开水龙头”也是发出了信号，真正在背后起作用的因素，范伟并没有看到，自然就被坑了。

第二种，天气预报说明天有雨。

我们每天都会关注天气变化，所以看到明天有雨就会做好准备，看起来是天气预报在前，下雨在后，天气预报似乎就成了下雨的因，而下雨本身倒变成了果，这就和“雄鸡唱晓天下白”一个道理：公鸡打鸣了，天就亮了，可天真的是被公鸡叫亮的吗？雨是因为收到了天气预报的通知才下的吗？之所以会出现这种思维误区，是因为时间的先后顺序干扰了我们的判断。

郭德纲和于谦有一个段子，老郭问于谦多大岁数，谦儿哥说他38，老郭说他34，比谦儿哥大，谦儿哥急忙拦住他问为什么，于是老郭开始从30数到34，然后得意洋洋地看着谦儿哥：“都34了，还没你吧？”然后才数到了38，谦儿哥沉吟片刻说：“要这么论，先有的你，后有的你爸爸？”

一般来说，人受的教育程度越高，认识事物的能力也就越高，这点毋庸置疑。可有时候，我们的学习过程是先关注果，然后再去关注因，这和我们之前提到的结果偏误有相似之处，让我们在追溯原因的时候忽视了变量，没有意识到这是一个积累的过程。

一个结果是一连串事件造成的，然而聪明人往往忽略掉其他部分，只筛选他们关心的部分，这还真不是懒，是因为利益相关。那个资深HR为什么不去调查应聘的小伙子曾经就职的公司的倒闭原因呢？是老板经营不善还是市场发生变化？HR之所以没有调查，因为这些和他半毛钱关系都没有，唯一有关系的是坐在他面前的小伙子——招了这个人可能会让公司倒闭，然后自己也吃不上饭。

分析起来像是在看喜剧片，可现实就是充满了如此多的“喜剧”，然而喜剧的内核其实是悲剧。如果被HR拒聘的小伙子是一个能人呢？他因此去了别的公司，成为HR所在公司的竞争对手，搞不好哪天真让这家公司关门倒闭了，那么对HR来说，这就是归因谬误带来了灾难性后果。这么一看，做一个普通的聪明人不难，可做一个高端大气上档次的聪明人却不易，因为他要学会真正站在客观的角度去分析某个事件，忘掉瓜葛，斩断情丝，这么一搞脑子就清醒多了。

CHAPTER 02

第二章

你以为自信就够了?

1 新手光环：上班第一天好害怕，老板会凶我吗？

“这是新来的XXX，大家多照顾照顾。”

相信不少人对这句话耳熟能详，因为只要是进入新单位，总会有老板或者上司站在你身边，笑靥如花地向新同事介绍你。然后，你就开始了一段崭新的职业生涯。

“新”这个词按理说是一个好词，我们谁不喜欢“新”的东西呢？新衣服、新鞋子、新电脑、新汽车，可有一样比较特殊，那就是“新人”。当然，这里指的是职场新人。新人第一天上班，就和新手第一天上路一样，不仅自己干不好手头上的工作，还可能连累到身边的人。不过，有一些人觉得当新人没什么不好，因为他们可能是名牌大学毕业，或者有着丰富的工作经验，尽管是初来乍到，却有着拯救公司的使命感。结果我们就会看到，很多新人目中无人，天然带着一股子傲气，屁股还没坐热就想把新公司的优势劣势分析出一万字的论文，即使对身边的同事也会指手画脚。你说他们是自作聪明吧，其实不少人还真有两把刷子；你说他们是热血三分钟吧，还真有人能把这股子傲气保持个一年半载。

如果你身边有这样的新人，你会怎么看他们呢？会觉得他们表现得锋芒毕露，很容易惹恼同事和老板，甚至波及到客户，所以忍不住会一脸问号：看着挺机灵的一个人，为什么会这么“不自量力”呢？

其实，这些新人是中了“新手光环”的毒了。

严格地讲，新手光环并非是一个专业概念，但它的确是现实生活中存在的现象，那就是我们对新人会有很强的包容度，因为我们面对新人的预设观点是：他是新来的，什么都不懂，我是老人，总得有点风度和姿态，对新人不友善就是以大欺小，道德上受不了……所以，我们就能看到平时高高在上的老板或者面沉似水的上司，面对新人时也会挤出那么一点微笑，因为大家的心态都是一样的。

然而问题在于，新人并没有看到这一点，他们不会认为是什么光环庇佑了自己，而是自己太出色了，所以大家才对自己这么好。

为什么会这么想呢？

一个新人入职，前面十有八九经历了几轮的笔试和面试筛选，能挺过来的肯定不是庸才，这些人脑子都不笨，他们也会把应聘成功当成是一场战役的胜利，所以在面对新同事和老板时，心里天然有一种优越感：哥可是刚打过胜仗的人！如果再加上高学历、特殊职业背景等附加光环，这种优越感会更明显。

说到这儿，有人觉得这些聪明人可能是太自大了，缺乏自我认识，所以才觉得自己很牛，其实还真不是这么简单的事儿。不信，我们来看一项实验。

美国加利福尼亚大学曾经做过这样一项实验，实验一共分为两个部分。实验的第一部分，他们请参加者提出各种创意来解决现实问题，比如怎么推动旧金山海湾区的旅游业发展等，讨论一轮之后，让一半的人保留在原来的讨论小组，剩下一半的人重新组成小团队。在实验的第二部分，那些一直待在一起的成员比经常轮换的成员，更倾向于认为自己的组气氛更加富有创造力，然而结果却是那些新组成的团队提出的新创意更多也更实用。

这个实验说明了什么呢？任何一个团队，只要引进新人，总能带来一些积极的变化，这种变化不单是来自新人本人，也来自于重新组合之后的新团队，说白了大家都浴火重生了一遍，但是人们往往会归功于“我们的团队新来了一个能人”。

你看，在这样的心态之下，新人来到公司里真的发挥了作用，那么他们一定会琢磨，怎么才能把这些优点放大，最简单的办法就是多发言，多出头，多做事……听起来没什么毛病，因为只有这样才能引起老板的注意，自己的真才实学才有发挥的空间。可问题在于，你的多发言可能会得罪同事，你的多出头可能会降低老板对你的印象分，你的多做事可能会暴露出自己的缺点……只可惜，因为还挂着新手光环，小小得罪了同事一次，同事也不能把你怎么样；降低了在老板心中的印象分，老板也会以你是新人为由宽容一些；暴露了一个缺点，没准还会被人认为更真实……结果就是，这些新人们还会继续犯错。

然而“杯具”的伏笔也是从这一刻埋下的，因为新人说不得打不得，说错的话和办错的事就会一点一点积累下来，成为职业生涯的污点，而当新手光环褪去之后，同事不会再让着你了，老板也不会再宽容你了，这就到给你算总账的时候了。然而更悲催的是，很多人没有意识到这是“报应”来了，而是觉得因为办公室政治，因为自己心直口快得罪了小人，要么跟同事和老板心生嫌隙，要么直接卷铺盖走人换下家，真正能反省的人并不多。

新手上路变成了翻车事故并不可怕，可怕的是这样的事故不断重演。

聪明人有清晰的职业规划，也知道要在职场上表现自己，可因为忽视了新手效应，高估了同事和老板对自己的宽容度，你以为是靠卖萌得到了原谅，其实是透支了你下半场的声望换来的。最可怕的是，有人专门利用新人的这种心态去坑你。为什么呢？给你下马威是小事，给你贴上一个“不过如此”的标签是大事。

有职场就有争斗，新人本身就自带一些优势，那么老员工为了保住自己的地位，让新人愉快地开始表演，暴露出更多负面的东西也就不奇怪了。当然，在光环尚在的时候，你演砸了大家会安慰你，可一旦光环消失，这笔账还是要记在你的头上，而且很难还清。

那么，怎样才能避免被人用新手光环利用呢？

一方面，正确认识自己。

不管你有多高的学历多么丰富的经验，来到一个新单位，你仍然是一个菜鸟，人生地不熟，你修炼的那些技能，有些可能用不上，有些要等到大后期才有用武之地，而在现阶段只能老老实实跟在别人后面。不要觉得通过了招聘就拿到了优秀员工的证书，有很多人担心你抢他们的饭碗，在立足未稳的时候切莫树敌。

另一方面，保持谦虚谨慎的作风。

做人要谦虚，就算你真的很强，别人身上也有能盖过你的地方，与其展露锋芒成为大家的靶子，不如低调点跟在别人后面偷点技能，这才是最实惠的。因为在新人阶段，你的人脉还不够稳也不够丰富，你每一次表现都会有人认为这是“跳出来了”，不如减少这种表演场次，把风头让给一些老员工，把荣誉分给老板一部分，等到你站得更稳了再表演金鸡独立。那时候，就算别有用心者要坑你也得掂量掂量了。

新手光环给我们的启示是，我们以为自己很受欢迎的时候，多半是值得怀疑的，因为赢得别人的信任和喜欢，真不是一天两天能做到的。

2 自我期望过高：办健身卡能多运动？错，你会更宅

从南京到北京，买的没有卖的精。也许有的人不服这句话，觉得自己冰雪聪明，怎么可能被人骗呢？先别急着证明，你在钱包或者抽屉里找找，看看是否能发现一张长方形的小卡片，上面写着某某健身会所的贵宾卡。就算没有贵宾卡，你一定会在家里找到一些买来没怎么用过的东西，比如一本专业书，十字绣工具，烹饪炊具……看着这些崭新发亮的东西，你是否回想起某些事情了呢？

“办张卡吧，现在大家都健身，我们这里的私教特别专业，三个月让你练出马甲线。”

“好的，那我办一张！”

这样的台词很多人都不会陌生，从表面上看这是绝对的正能量励志对白，可事实上又是如何呢？大多数人不过是三分钟热血，健身一

小时，出汗五分钟，剩下的时间都在自拍。可是，对外却宣称自己成为了健身达人，再往上拔高，那就是追求高品质生活的速度加快了。然而在只剩下自己一个人的时候，看着那张健身卡，心都在滴血。

为什么我们就着了商家的道呢？是因为对方的营销手段太高吗？并不是，说出来你可能不信，就是因为你太聪明了。

因为你聪明，所以你对未来才有一个明确的规划，因为聪明，对商家描述的产品和服务能理性地接受而不是单纯心疼钱，可是有一条你没有想到，那就是对自我的期望过高。

自我期望过高，是一种日渐具体的自我观念，它表现在对自我行为表现及未来发展方向存在着高估的知觉和期望。

美国康奈尔大学的社会心理学家大卫·邓宁博士经过研究发现，人们对自己的评价总是有自我服务的倾向，以智力为例，假设一个学生是数学天才，那么他在描述“智力”这个词时就会把数学的部分加重，而其他人具有语言表达能力就会划归到情商那一栏里。因此在现实生活中，对自己高估的人大有人在。

那么，我们为什么非得高估自己呢？从心理动因上讲，我们都不希望自己是弱者，更不愿意当着别人承认自己是弱者，而且到底什么是强什么是弱，本来就没有一个达成共识的标准，所以我们就此钻了空子，在需要表现自我的时候就高估自己。

糟糕的是，有些人专门利用这种心态，让你盲目地自信，然后达成他们不可告人的目的，比如办健身卡。我们来看看聪明人是怎么一步步被套路的。

第一，高估能够强化自我意识，提高自信。

为什么我们需要自信，因为人类本来就是依靠故事发展的物种。你没听错，从最古老的图腾故事到近代的冒险家故事，看起来是自娱自乐，其实是在驱动着我们坚定不移地做某件事，而讲故事的直接目的就是提高我们的自信。

从个人的角度看，一个人越自信，就越容易成功，因为他愿意相信自己，不会被其他外界因素干扰，所以就能把注意力聚焦在一处，成功的概率自然就上去了。可是从营销的角度看，一个人越是自信，就越是敢花钱，因为人家相信钱花没了可以再去赚，相信自己配得上高档次的东西，相信自己能够坚持下来，于是就有了健身卡等七七八八的东西。

现在看懂了吧，自信是一把双刃剑，越是聪明的人越知道树立自信心的重要性，可如果不能分清自信和自大的区别，就容易被别人牵着鼻子走。那么自大和自信的区别在哪儿呢？其实就在于可控性，也就是说你能控制的比重。打个比方，你相信自己在一个月内减肥5斤，这是完全有可能实现的，这叫自信；而相信自己一个月能减肥50斤，这就是违背客观事实，夸大了自己的控制能力，就是自大了。所以，当别人忽悠着让你自信心爆棚的时候，先照照镜子，看自己是否真有这么大的能量。

第二，高估自己会更加开心。

如果给你两个选择：高兴地过一天和抑郁地过一天，你会选什么呢？相信只要脑子清醒的人都会选择前者，可高兴的来源在哪儿呢？

主要还是源于自己。我们所说的知足常乐是快乐的源泉之一，还有一种是“我强大我快乐”，这种其实就是夸大自己，觉得自己十分了得，未来无论是工作还是生活都能创造奇迹，做梦都会笑醒。

从个人的角度看，用不伤害别人的办法哄自己开心，没什么错；可是从商家的角度看，他们会利用你这种傻乐呵促使你消费，所以他们才会给你自信心，让你相信只要拿到一张小卡片就能切割掉几十斤肉，换来一副极品身材，因为哄得你开心了，你才愿意掏钱。

第三，高估会让自己受益更多。

有HR表示，应聘的时候，那些表现更为自信的人更容易被选中，而他们当中不乏一些高估自己的人，那么HR为什么还要这么做呢？这是因为在面试的时候很多东西无法当场看出来，只能依靠语言表达，那么谁自信谁就能说得天花乱坠，自然就给自己镀上了一层光环，求职的成功率也更高。

从个人的角度看，高估自己等于变相涨价，只要涨得不是很夸张总有些赚头。但是从外界的角度看，越想着受益胆子就越大，越容易接受别人吹捧式的赞美，比如明显买不起的房子，可销售会说房子未来会变成学区房，到时候翻倍涨价，一听到和收益有关，当然就上了对方的套了。所以，作决定之前先好好想想对方是不是在如实地陈述客观事实，不要脑子一热眼睛一红就答应了。

第四，高估自己会以为获得了经验。

越是有一技之长的人越容易高估自己，这是为什么呢？因为当一个人在某方面有了长处之后，会下意识地强化这方面的能力，同时忽略在其他方面的不足。所以即便是没什么明显的成长，也会觉得自己进步了，反而是那些没什么亮点的人不会犯这种错误，因为想自夸也没得夸。

从个人的角度看，这是一种对经验的反馈，本身没有问题，但是别人会利用这种心理特点捧杀你。知道你是杀猪的，就让你宰老虎，反正都是四条腿的嘛！不知不觉就把你推到了大坑里。所以，做人还是要保持谦虚谨慎的作风，倒不是非要自轻自贱，起码学会低调，别轻易说自己在某方面很在行，这样容易被“能力绑架”——你最行，你上！

3 认知 ABC：

对面楼的美女擦玻璃，你却以为在跟你打招呼？

郭德纲有这样一个相声段子，说是老郭失恋之后，心如死灰，忽然有一天，发现对面楼的一个美女对着自己打招呼，老郭濒死的心迎来了第二春，可是后来才看清楚，敢情人家是在擦玻璃。

虽然是一个相声段子，可是现实生活中这样的事情并不少见。这里不得不提一个概念，认知ABC理论。它是美国心理学家埃利斯创建的。**具体的解释就是，认为激发事件A（activating event）只是引发情绪和行为后果C（consequence）的间接原因，而引起C的直接原因则是个体对激发事件A的认知和评价所产生的信念B（belief）。这么一说还有点复杂，举个例子就明白了。**

阿Q让人暴打一顿，这是激发事件（A），他安慰自己说，就当是儿子打了老子，这就是信念（B），结果他又开开心心了，这是结果

（C）。再换一个说法就是，导致结果的并不是事件本身，而是我们的信念。就拿老郭的那个段子来说，他失恋了，满脑子想的都是前女友，就容易关注到女性身上，这就成为一种信念，然后对面姑娘的擦玻璃动作，就会在这种信念的影响下变成是打情骂俏，产生了一个啼笑皆非的结果。

你可能说，阿Q是个什么样的人，我怎么可能和他一样呢？其实，生活中不如阿Q的人更多，因为阿Q其实知道自己是在骗自己，而现在的很多人，被各种媒体和影视剧洗脑了，把原本不属于自己的信念硬生生地植入自己的大脑，往往还不自知。

如今很多营销号为了流量，为了“恰烂钱”，最喜欢用认知ABC理论捉弄人。比如，突然流行去西藏，这是激励事件，然后给大家一个信念：只有去西藏才能净化心灵，并把这种行为包装得十分文艺化，说着说着很多人就信了，觉得人活着不能白来一回，干脆就来一场说走就走的旅行。

听着这个套路是不是有点熟悉的味道？其实在很多营销广告中都是利用了ABC理论，而它的核心就是给你灌输一种不现实的信念，信念是不讲道理的，它能让人忘掉怎么理性地分析问题，只知道热血上涌，结果被人玩了半天才反应过来。

可能有人觉得，聪明人为什么看不出其中的套路呢？问题就在这里，聪明人做一件事之前，一定会考察成功的概率，这是从客观方面来说的，还有一个就是主观上是否有必要，是否有足够的动力，而信念就是强加给他们的动力，所以他们获得信念之后的行动力更强，自然也就被坑的最惨了。

然而悲催的是，很多时候ABC理论不是外人强加给你的，而是自己强加给自己的。

在职场有一个奇怪的现象，很多优秀员工会在工作两至三年后辞职，而辞职的原因往往不是工资低、老板对自己不好，而是没来由地觉得心累了，而在辞职之后会转行或者选择更为安稳的工作，甚至有的放飞自我去环世界旅行。为什么会发生这种事？“祸根”还是在ABC身上。

这些精英分子在一个岗位上工作了那么长时间，最先垮掉的不是身体，而是信念，他们觉得日复一日、年复一年做同一件事，越来越没有意思。因为重复性地工作，就会觉得客户越来越难伺候，老板也越来越挑剔，其实这不过是熟悉工作之后困难被放大了，那么当信念改变以后，随便一个普通的激励事件，比如老板不怀恶意的批评，客户合情合理的要求，在他们眼里成了一种不满和挑剔，那么干脆就辞职甚至转行好了，因为换一个新职业和新单位，信念等于被恢复了出厂设置，还能继续挺个三年五载的。

遇到这种情况怎么办呢？

第一，多和别人沟通。

有时候人容易走进死胡同，特别是受到信念的影响，导致再聪明的大脑运行起来也会出问题。这时候再怎么绞尽脑汁也只能起反作用，不如暂时放空大脑，和阅历相当的朋友聊聊，听听他们的看法，毕竟旁观者清，对方会帮你识别出你所谓的野蛮上司和刁蛮客户是否真的如此，帮助你重新认清激励事件，从而转变你的信念，带给你良好的结果。

第二，多找反例。

如果你身边没有能劝得住你的朋友，那么也没事，你可以找找反例来证明自己的想法是错的。比如，谁家的员工跳槽之后结果不如以前，谁的公司在某个员工跳槽后上市了等，用这些事情打消对信念的执着，让你产生怀疑和动摇，这样即便再遇到类似的激励事件时，也不会有那么强烈的质疑心理了。

第三，多专注眼前事。

聪明人都知道学习，不过有时候会因为摄取的信息量太大而乱学习，所以才会产生乱七八糟的信念，为了从源头防止这种现象发生，尽量少关注那些干扰你思维的事情。比如要考注册会计师，那就多关注一下哪个培训学校比较好，未来去哪个城市发展，而不是有会计证的人混得怎么样等，这些会影响你的判断，莫不如把宝贵的精力放在眼前，屏蔽干扰信号。

当你学会了如何对抗心中的B时，那么来自外界的B也就不容易侵蚀你的大脑了。

一个年轻人失恋了，总也摆脱不了打击，情绪低落，影响到了正常生活，于是找到了心理医生、心理医生告诉年轻人，其实他的处境没有那么糟，只是他想象得太糟糕了。为此，心理医生给年轻人举了个例子：某一天，你到公园的长凳上休息，把最喜欢的一本书放在长凳上，这时走来一个人，坐在椅子上把书压坏了，你会怎么想？”年轻人说：“那我一定很气愤，他怎么可以这样随便损坏别人的东西呢！太没有礼貌了！”心理医生说：“那如果我告诉你，他是个盲人，你又会怎么想呢？”年轻人的气顿时消了不少：“原来是个盲人。他肯定不知道长凳上放有东西！”心理医生又说：“如果这个盲人已经七十多岁身体不太好呢？”年轻人说：“那我还挺高兴的，老人家岁数这么大了，如果要是坐到钉子上就得受伤了！”心理医生说：“现在你还生气吗？”年轻人摇摇头。心理医生说：“同一件事情，因为你的信念和情绪不同，产生的结果也不同了。”

虽然只是一个小故事，不过当你遇到想不开的事情时，请重温一下，说不定就能瞬间得到开解了。

4 虚假同感偏差：美颜 + 滤镜，你就真以为自己是小仙女？

如今美女不再像过去那样金光闪闪了，已经变成了性别的代称，所以真正的美女觉得不过瘾，就诞生了“小仙女”这样的名字。可是，现在小仙女也遍地都是，美颜加上滤镜，人人都觉得自己长得还不错。

其实如果只是臭美还无所谓，关键是很多人被别人认定是真的仙女，生出了无限的自信，久而久之，觉得一般男人配不上自己，觉得一般工作配不上自己，甚至在选择闺蜜的问题上也变得十分挑剔，毕竟仙女只能和仙女一起玩嘛！

其实，这就是典型的“虚假同感偏差”。

“虚假同感偏差”又叫“虚假一致性偏差”，指的是人们常常高估或者夸大自己的信念、判断及行为的普遍性，认知他人的时候总喜

欢将自己的特性强加给别人，先入为主地认为自己和别人是相同的。通俗地解释，就是我们每个人都认为别人和自己想的一样，而那些和我们想法不同的人，就是奇葩。

关于这种心理效应，有一个著名的实验。

1977年，斯坦福大学的社会心理学教授李·罗斯找来了一批志愿者，让他们作出一个选择：是否愿意挂上写着“来乔伊饭店吃饭”的广告牌在校园里闲逛30分钟。结果，有一半的人表示愿意，另一半人拒绝。然后，罗斯就让同意的和不同意的志愿者分别猜测对方是否同意挂广告牌，同时猜测那些和他们选择不一致的人的特征。结果如何呢？那些同意挂广告牌的志愿者中，有62%的人认为其他人也会同意，然后评价不同意的人是“假正经”。同样，在不同意的志愿者中，有67%的人认为别人也不会同意，并且评价同意的人都是“怪胎”。

这个实验充分证明了“虚假同感偏差”的存在。

为什么人们会有这种心理效应呢？简单说就是缺乏换位思考，说得难听一点就是“以小人之心度君子之腹”。

这恰恰也是聪明人容易犯的错误。为什么这么说？聪明人做事是有着严格的标准的，这是为了指导自己的行为在一定范围之内，所以也容易用自己的标准去衡量别人和身边的事物，更严重一点，甚至把自己的感情和意志也投射到别人身上，而从来不会站在对方的角度思考问题。有人会说，这样也算聪明人？其实，从自己的角度去揣摩别人，这可不是什么愚蠢的表现，因为你猜测别人缺乏足够的证据，原本也是一件难办的事儿，而如果从自己的视角去看问题，就能获得更多的信息，所以从这个逻辑上讲是没毛病的。只是为了快速给别人贴上标签，快速作出判断，不少聪明人干脆直接跳过了揣摩别人这个环节，直接把自己的想法代入进去。

看看身边那些喜欢套近乎的人，他们最擅长利用“虚假同感偏差”了，最典型的就是“我们俩真是一见如故”“咱们俩太默契了”以及“你说的正是我要说的”。这些话听起来甚至有些肉麻，可是有几个人会头脑清醒地反驳呢？大多数人都会欣然接受，因为这证明他们的想法代表的是大众，是主流。

于是，“虚假同感偏差”成为了不少骗局的开场环节。

认为别人也觉得自己是个小仙女，这种事还真没多大负面影响，而被别人用这种方法套近乎才是最危险的。因为从这一刻开始，你渐渐忽略了彼此的差距，也忽视了对方的真实目的。而且，很多人喜欢用这种套路把一个好好的社交圈子弄得四分五裂，利用“虚假同感偏差”把你和他们划为一类人，而你又因为不去换位思考，把和自己意见不同的当成异类，自然就渐渐疏远了。

那么，我们为什么会被“虚假同感偏差”蒙蔽了眼睛和心智呢？归根结底，是我们不会共情。

说到共情，大家都会想起一个词叫同理心，用俗话表示就是善解人意。其实，共情分为两种，一种是认知共情，还有一种是情感共情。所谓认知共情，就是你站在我面前“巴拉巴拉”一堆世界金融行情，我点点头表示不仅能理解，还知道你推断的初衷、过程和其他忧虑，说白了是思维上的同理心。当年诸葛亮在东吴舌战群儒，那么多大咖小咖不理解主战派的想法，就是缺乏认知共情，尽管他们对曹军的厌恶和恐惧程度和主战派差别不大。

那么情感共情又是什么呢？你站在我面前痛哭流涕说失恋多么难受，我默默地点头并紧紧抓住了你的手，这就是情感共情，也是大家经常提到的同理心的主要含义。

想要克服“虚假同感偏差”，不仅要学会共情，更要明白：每个人都是独一无二的个体，经历不同，思考也不同，所以要尊重别人的感受和选择，才能赢得对方的尊重。同样，如果有人很随意地表示和你一样，千万不要马上当真，最起码要有一个检验的过程。而且，找到和自己一样的人一定是好事吗？我们生活在一个多元化的世界，人和人不一样才能互补，都一样了就麻烦了。

避免被“虚假同感偏差”欺骗，也是让我们不要傻乎乎地想去改造别人结果却事与愿违，只有先学会换位思考，了解对方的内心世界，才能帮助我们达到改造的目的。说到底，换位思考要感情先行，理性稍候，这样才容易了解别人的感受，而不是把人当成大数据去分析。懂得了换位思考，我们也就不会轻易被别人忽悠，知道自己想要什么，也知道别人在惦记什么。

5 滑坡谬误：今天修好了自行车，明年就可以修火箭？

曾经在网上流传着这样一个段子：假如潘金莲不开窗户，就不会遇见西门庆；不遇西门，就不会出轨；不出轨武松就不会逼上梁山。武松不上梁山，方腊就不会被擒；方腊不被擒，就可灭大宋江山；没有了大宋江山，就不会有靖康耻；金兵就不会入关，就不会有大清朝；没有大清朝，中国就不会闭关锁国，不会有鸦片战争和八国联军入侵。那么，中国，将是世界上唯一的超级大国。

相信很多人听过这个段子，相信没有人会信以为真。再说擒方腊的原本是韩世忠，小说里写的是鲁智深啊。虽然说得没错，可是反驳的根本不在点子上，这个段子是逻辑学上典型的“滑坡谬误”。

什么是滑坡谬误？它其实是一种逻辑谬论，即不合理地使用连串的因果关系，将“可能性”转化为“必然性”，以达到某种意欲之结

论。具体的操作方法是：如果发生A，就会发生B，难道我们要忍受B吗？不能，所以必须要反对A！其实，B本来就是一个假想出来的结果，和A没有必然联系，所以想要证明这个假想是不合理的很容易，而一旦否定了B，那么A的存在也变得不合乎情理了。所以，滑坡谬误是把有可能当成必然，于是进行了一连串的推演，最终的结果其实就是谬以千里。

你还别说，就是这样一个并不复杂的逻辑陷阱，很多人真的被陷进去了。

员工找老板加薪，老板说：你跟着我干三年了，按理说可以加薪，但是与其加薪还不如给你股份，以后公司上市了，内部股就能变现，到时候论功行赏，你的分红会比别人更多呢！说着说着就把员工弄得热血沸腾，在激动之余还有那么几分感动。

这个场景描述起来，是不是有种似曾相识的感觉呢？

有人觉得这个员工太傻了，老板说什么就信什么，可是这不过是一个故事，放在现实中，老板当然不会一次性说这么多，而是会一点一点地渗透给你，有了时间上的铺垫，没多少人能识破这其中的诡计，因为往往聪明人才愿意进行推理。

滑坡谬误的坑人之处在于，它用前后看似有关联的递进关系，让你一点一点地表示认同，站在一般人的视角是看不出什么问题的。更要命的是，越是聪明人，越愿意做规划，对未来进行预测，而滑坡谬误正好迎合了这种心理，所以才会让那么多人上当。

在美剧《生活大爆炸》中有这样一段故事，合租在一起的莱纳德和谢尔顿认识了一个叫佩妮的美女，莱纳德喜欢佩妮，有一次想要留宿她，结果遭到了谢尔顿的强烈反对："我们的地震物资储备只够两个人维持两天。"莱纳德："所以呢？"谢尔顿："所以，如果发生地震把我们三个人困在楼里，我们明天下午就可能要断粮了。"莱纳德："你意思是如果我们让佩妮留宿，我们就会沦落到人吃人的地步？"谢尔顿："没人认为那种事会发生，直到它真的发生了。"莱纳德这时转身对佩妮说："如果你保证不在我们睡觉时把我们身上的肉咬下来，你就可以留宿。"

谢尔顿和莱纳德都是聪明的物理学家，不过是在情商上略逊一筹，可是如果论起推理来两个人的逻辑能力都不会差，那么如何呢？谢尔顿从食物只够吃两天推演到了最后要人吃人，而莱纳德还神助攻了一下，告诉佩妮真到了这一步不要咬他。

抛开喜剧的因素不谈，单看这一段对话，你觉得到底谁套路了谁呢？显然是谢尔顿套路了莱纳德，因为谢尔顿习惯了两个男生的二人世界，对外来者天然存在抵触情绪，所以按照他自己的灾难论推演出了食物紧张，而莱纳德不知不觉地上了套，以至于把思考的重点放在了别被佩妮咬一口上。你看，这就是滑坡谬误对人的洗脑作用。

既然滑坡谬误会在不知不觉中套路我们，我们该如何破解它呢？

其实，滑坡谬误就像一辆失控的车走下坡，越滑速度越快，冲击力也越来越大，所以我们要想在半路上拦住它是非常困难的，哪怕你跳上车子，减缓了速度，可是车自身的重力也是难以抵挡的。所以，最稳妥的办法就是直接干掉所谓的必然关系。比如，不好好学习只能扫大街。如果去论证“好好学习也有可能扫大街”显然太难了，不如去论证扫大街也不代表着人生失败，或者把扫大街替换成送快递，总之就是要打破原来的必然联系，再把这个结果用自己的观点重新诠释一下，而不是纠结于是否会产生关联性。

当有人喜欢用“如果”和“那么”描述一个问题时，你就要小心了，他们很喜欢给你下套，就算你反驳他们一次，他们还会用新的“如果”和“那么”去套路你，所以最好还是离这种人远一点。如果很难和他们划清界限，那就在对方每抛出一对“如果”和“那么”的时候，针对“那么”的结果来说事儿，甭管对方是否心服口服，时间长了对方就会明白起码你们三观不同，用他那一套理论是说服不了你的，还怎么说服你呢？

6 德克萨斯神枪手：想做就会成功，没成功只是想了一下而已

美国有一个流传很久的笑话：一位老德克萨斯枪手，为了让朋友认为他枪法了得，就在牛棚的门上打了一串枪眼，然后围着这些枪眼画出了靶子。等到朋友过来的时候，老枪手指着靶子说："看见了吗？伙计。每次我都正中靶心！"

虽然听起来是一个笑话，可在现实中真有人这么干，他们的套路就是在海量的数据中挑选出对自己最有利的证据，而把那些对自己不利的证据筛选掉，这就是著名的"德克萨斯神枪手谬误"。它的解释很简单：**先把自己的立场确定了，这个就相当于是靶心，然后根据立场去寻找对自己有利的证据。**

很多广告为了证明自己的论点，总会强行把两个不相干的数据拼

凑到一起，比如一家饮料公司发过这样的文章：全球含糖饮料消费量最高的五个国家，有三个被选为“世界最健康的10个国家”，所以含糖饮料是健康的。你看，数据没撒谎，可是人家健康是因为喝了你的饮料吗？没准不喝你饮料的五个国家都被评为世界最健康国家了。

如果说聪明人办傻事了，那么忽悠他们的人肯定更聪明一些，他们不会用虚假的数据骗人，因为聪明人的第一反应会去核实这些数字，如果这一关没过去，之后再吹得天花乱坠也没用了，所以他们必须利用德克萨斯神枪手谬误，在第一个回合就把聪明人唬住，接下来的表演就容易很多了。

很多情侣在吵架的时候，其中一个人会指责另一个人不爱他，而对方就会说：“我怎么不爱你？你过生日我给你买礼物了吧？你回老家的时候我送你了吧？”女孩在气头上，脑子有些转不过来，心想这些说的也是事实，一时间没有找到反驳点，就在这时，男孩步步紧逼地表示自己付出多少，忠贞不二还要被残忍以待……最后，女孩的气被这些话打消了，虽然没服软，可是也不再继续吵了。

其实，这个女孩挺冤的，男孩过生日的时候她也送了同等价值的东西，男孩下班晚都是她做饭，男孩回老家的时候她也给男孩家人买了礼物……这个男孩用德克萨斯神枪手的理论，成功地让女孩陷入到自责的状态中。

洗脑术，听着很可怕，好像距离我们生活十分遥远，其实不少人都热衷于使用它，不是为别的，就是为了给自己找借口。

有一句话叫做，只要努力就会成功，如果没有成功就证明还不够努力。这句话听起来无懈可击，可等于把所有的可能性都占了，模糊了最关键的一个词——努力。到底什么算努力什么不算，这个先按下不表，等到失败了需要找借口的时候，就说自己没有努力，所以才失败了，而非能力问题。

想想看，有这样的人在自己身边挺可怕的，可悲催的是，聪明人最容易上他们的套。因为聪明人看重数据，就像德克萨斯神枪手的朋友们，他们很可能也对枪支略懂一二，所以知道命中靶心意味着什么。如果抛开这其中的阴谋诡计，重证据轻言论是没毛病的。

今天单身一族的人很多，因此也出现了不少婚恋网站，他们为了吸引更多的人注册，总会千方百计地挽留你，让你认为这个网站上一定会有你的另一半，所以你可能经常会被一个陌生的异性匹配，然后网站的算法会激动地告诉你：你们都喜欢看美剧、健身、旅行、乐高以及宠物，足足五个共同点，多么高的匹配度！相信你听了这句话也会春心萌动，这不就是传说中的理想伴侣吗？于是付费要到更多的资料，开始线下交流，结果呢？你发现你们除了五个共同点之外，还有三十多个不同点：口味不同，作息不同，婚恋观不同，家庭环境不同，职业规划不同，语言不同……

为了避免这种情况发生，我们在接收到一组数据之后，先别急着看数据本身，想想这些数据是否具有代表性，它是从100中拿出的10个数字，还是从必然中拿出一个意外，只有先作出这个判断，你才能确定数据的可靠性。为什么聪明人容易被绕进去呢？因为提供的数据是真实的，我们又觉得眼见为实，数据过硬有什么值得怀疑的呢？殊不知，小范围的真实可代表不了整体的真实，就像美女后背的一颗痣，能影响到人家的神仙颜值吗？

除了要看整体而不要纠结于局部之外，还要站得更高一点，琢磨一下为什么对方会给你拿出这些数据，这些数据能引发你的什么行为，如果和他们利益相关，那就要小心被套路了。其实，有时候聪明人犯傻，真不是脑子不够，而是太专注眼前的信息了，忘记自己在被洗脑的时候，对方正侧着脸偷笑呢。

CHAPTER 03

第三章

你以为你的逻辑没问题?

1 乌鸦悖论：

为何“隔壁老王”总背锅？住得近找茬很难？

“你一点都不爱我，因为你昨天忘了我们的恋爱纪念日！”

偶像剧里这种桥段不少，而在现实生活中，这也并非是少见的案例。这个逻辑听起来没有什么问题，因为你做了什么事，我就由此推断出你如何如何。可是换个角度想想，这不就是一票否决的路子吗？难道其他方面的事情不足以掩盖这些缺点吗？

这就是著名的乌鸦悖论，它也被叫做“亨佩尔的乌鸦”，是由20世纪40年代德国逻辑学家卡尔·亨佩尔提出的，目的是说明归纳法违反我们的直觉。具体说就是，如果提出“所有乌鸦都是黑色的”，那么就必须通过观察成千上万只乌鸦然后才能证明乌鸦都是黑的，但是问题在于，这个逻辑和“所有不是黑色的东西不是乌鸦”等价，也就是说如果你发现一只红苹果不是黑色的，也不是乌鸦，就会增加对

“所有不是黑色的东西不是乌鸦”的信任度，最后更加相信“所有的乌鸦都是黑色的”！

乌鸦悖论的内容并不算简单，后来也有人简化了这个理论：想要证明所有乌鸦都是黑的，就得找遍所有的乌鸦，如果想要证明乌鸦不都是黑的，只要找到一只白乌鸦就可以。用我们容易理解的大俗话就是“如果你想证明一个人是好人，那就要从无数个方面去证明，可要想证明他不是一个好人，只要有一个黑点就够了。”这就是应用在现实中最朴素的一个解释。

说到这儿，就要提一个很多人都觉得不公平的现象，那就是“放下屠刀立地成佛”和“浪子回头金不换”。在影视剧中，那些反派干了很多坏事之后，人们恨得牙痒痒，可是某一天突然干了一件好事，比如扶老奶奶过马路，那就让人觉得这个人身上还有闪光点啊。相反，一个正面角色一直干好事，突然某一天“黑化”了，人们就会觉得之前是不是都是在装的，原来他根本就不是一个好人！

为什么会有这样的逻辑，就是我们在归纳问题的时候，总是拿一个既定的标准说事儿，比如爱她就要宠着她，有一天因为忙别的事暂时忽略了他，本来就是一只红苹果而已，和黑乌鸦风马牛不相及，可是对方为了证明你确实不爱对方，就把偶尔一次不陪着对方等同于不宠着对方，最后得出一个不爱的罪名。更糟糕的是，这种风马牛不相及的案例越多，就越能证明不爱，但实际上这不过是错误归纳的表现。

如果没有宠着她，那就等于是用一只红苹果去证明不是黑色的东西都不是乌鸦，然而事实上，没有宠着就代表不爱吗？这原本就是一个必然产生关联的事情。

其实，乌鸦悖论反映的更深层的问题，还是我们的先入为主和感情用事。先入为主是认识方法，感情用事是根本：因为我们觉得受到对方冷落了，就会拿着乌鸦悖论的标准给对方挑错。所以，乌鸦悖论看似反映的是逻辑问题，其实还是心理问题，是我们的心态促使我们去找想要的证据，所以才促成了错误的判断。

希望这样的判断越来越少。

2 机会成本：可别乱用“试错”，无伞跳伞运动了解一下

“论成败，人生豪迈，大不了，从头再来。”

在电视剧《马大帅》中，范伟饰演的范德彪，就是把“论成败”挂在嘴边的人，他召集了老家的村民集资去建垂钓园，结果被骗的毛干爪净，最后不得不蹬三轮送煤气罐为生，还差点得了绝症。

这是一个典型的试错成本高昂的例子，这样的结局没几个人能够承受。但是，人们对那句豪迈的话却十分喜欢，感动了无数年轻人，因为他们岁月无限好，不怕犯错误，所以对试错成本这个词十分喜欢。

按常理来说，试错是客观存在的，特别是对陌生领域。没有哥伦布的试错，能发现新大陆吗？没有诺贝尔的试错，能有诺贝尔雷管的发明吗？试错是人类走向进步的特殊路径。

可是，试错并非是必经之路。

在汕头大学2016届毕业典礼上，姚明作了《人生没有彩排》的演讲，其中就提到了“试错”。他说自己在NBA总共出手了6408次，投进了3362个球，失手了3046次，此外还有1304次的失误，如果没有这四千多次的错误成不了今天的我。话说到这里，很多人都掏出小本本记下来，然而姚明话锋一转：试错的基础是建立在球队的宽容和自身快速成长之上的，很多球员没有姚明那么幸运，也许只犯了几次甚至一次错误，就失去了在NBA延续职业生涯的机会。

这才是对试错的真实解读。

姚明所说的那些人，想来是真实存在的，他们很可能也有和姚明比肩的篮球天赋，也知道大胆试错才有机会表现自我，懂得用风险去搏击成功，可他们恰恰忽视了试错背后的隐形成本，结果反而因为这些错误过早地被踢出局了，还不如像乔丹那样从给队友看衣服做起，起码能留下来。

其实，对于大多数人来说，资源有限，幸运值有限，错了一次很可能就再没有第二次机会了，因为在你犯错的时候，你浪费的不仅仅是当下的机会，还有你没有选择另一件事的机会。

什么是机会成本，是指为了做某件事放弃另一件事的机会。打个比方，你有一片地，可以卖出去赚十万元，也可以改建成停车场，按月收取租金，可是如果卖掉就失去了做停车场的机会，改建成停车场就无法在租期中出售。这么说可能不明显，我们换一个说法。你手里有10元钱，可以买一本书，也可以喝一杯奶茶，如果喝了奶茶，你花掉的仅仅是10元钱吗？不是，还是失去了看一本书所获得的知识，当然这要看奶茶对你的重要性，如果没有这杯奶茶你会渴死，那这10元钱就比买书强，可如果只是闲着无聊买了一杯而你又确实需要那本书里的知识，这个损失就太大了。

所以说，机会成本的本质还是选择的问题，只有作出了正确的选择，才能避免不可逆的损失，而导致试错成本大行其道的有三个原因。

第一，样本不够客观。

微软的创始人比尔·盖茨于1973年进入哈佛大学，当时学的是法律专业，这在当时绝对是硬核专业，就业前景一片大好，可盖茨并不喜欢法律，反而对计算机非常感兴趣，于是问题来了，他是继续学习法律混个文凭还是辍学创业呢？如果继续学习会失去创业的最佳机会，如果辍学又会失去多少人都盼着的毕业文凭。当然后来的故事我们知道了，盖茨义无反顾地选择了创业而放弃了学业，最后获得了成功。

但如果盖茨没有成功呢？这个试错可不只是浪费了一笔创业资金，很可能葬送的是未来的前途，因为他连大学文凭都混丢了。

问题就出在这里，为什么那么多聪明人不把试错当成一回事，恰恰是因为他们看到了太多成功人士的故事，发现他们都曾面临艰难的选择，而每一次选择都成功了，所以聪明人总结出了真理：试错不仅不可怕，反而代表着机会来了！

这就是典型的幸存者偏差，以后我们会讲到。聪明人因为擅长去总结别人的经验，所以很容易一点点进入成功人士既定的创业模板中，时间长了就忘记“如果他们没有成功就是另外一个故事了”。因为如果没有成功，这样的故事根本不会被写出来，也没有人关注，人们只在意试错成功的案例。

对抗它的办法就是从崇拜的眼神中走出来，多找找反面的例子，客观地评估成功人士面临的风险和付出的代价，然后再看看自己，这样胆子就小了，走得也更谨慎了。

第二，对未来过于乐观。

聪明人通常都很乐观，这本来没毛病，可乐观就是一个气球，瘪了不好看，吹得太胀就炸了。很多人敢试错，是因为觉得自己未来的时间很多，机会很多，可这个假设的前提就有毛病：你如何判断机会很多呢？要知道，很多行业的圈子其实不大，如果你犯了一个不可饶恕的错误，很快就会臭遍整个圈子，那时候你想给自己正名都很难。你要做的是步步为营，避免任何一个不该犯的错误出现。

第三，失败是成功之母。

这是聪明人最后一张王牌：错了也值得，因为能够从错误中汲取教训，帮助下一次成功。听起来没错，可请你想想：把你扔在一片雷区，没有任何排雷工具，即便你能无限复活，可你要试错多少次才能找出一条安全的路径呢？很多时候，失败只能证明这条路走不通，并不能证明别的路一定能走通，除非是二选一的任务，更何况这里包含的成本可能是你难以承受的。

不要迷信试错，试错只是个传说。当你不能承担背后的成本时，还是小心为上，因为人生不能重来。

3 虚假两难：你妈和你媳妇掉水里，你个旱鸭子怕什么？

你妈和我掉进水里，你先救谁？

这是一道难倒了无数男同胞的问题，其解答难度不亚于哥德巴赫猜想。有人羡慕像郭晶晶这样的跳水女王不会问这种问题，也有人抖机灵表示自己也不会游泳，虽然大家都知道这是一个调侃式的问题，没有哪个女同胞会真拿答案说事儿，可确实在提出问题那一瞬间，把回答者逼进了死胡同：说救老婆，变成了不孝之子；说救老娘，变成了冷血渣男；乱抖机灵，等同于不救老婆……真真的是没法选择。

其实，这就是典型的逻辑谬误——虚假两难。

虚假两难，是在讨论问题时提出看似是所有可能的选择，通常是两个，然而这些选择并不全面，并不代表着所有可能。

虚假两难经常用在质问对方，把自己放在一个道德制高点上，看似占理其实是无理取闹。然而，很多聪明人往往会被套路其中，这又是为什么呢？因为聪明人做事谨慎，知道在面临选择的时候不能轻率地作出决定，否则可能会造成不可逆的后果，相反，如果是神经大条的直性子，随便选一个就完事了。其实，善于动脑的人都很看重选择的结果，他们会作出一个简单的预期，用预期来衡量当下的选择，结果一来二去就陷入了选择困难症的尴尬状态中，能有多尴尬，我们来看一头驴的故事。

法国巴黎大学校长让·布里丹讲了一头驴的故事，说是这头驴非常饥饿，到处找吃的，最后发现前方有两堆草，它疯了一样跑过去，结果跑到半路上为难了，因为它不知道该吃哪一堆，结果站在两堆草之间徘徊不定，最后因为没有及时作出选择被活活饿死，这头可怜的驴后来就被叫做“布里丹之驴”。

布里丹之驴就是活生生被虚假两难饿死的牺牲品，两堆草吃哪一堆有什么区别吗？没有，反而是因为纠结吃哪一堆浪费时间才是最不应该的。可是换个角度考虑一下，如果这头驴心思没有那么缜密，也许早就跑到一堆草前吃个痛快了。

有时候选择的确比努力更重要，但前提是两个不同的选项各有优缺点，而且是真实存在的选择，选了其中一个就不能留下另一个，如果两个选项都是让你填饱肚子且没有味道上的差别，这样的“选择”本身就是伪命题。

虚假两难是一个很好的逻辑武器，它套路对方的时候往往让人难以察觉。

1978年，当时的美国国务卿基辛格向记者团介绍苏美关于限制战略武器谈判的情况。忽然有记者问美国有多少导弹潜艇配置分导式多弹头导弹，因为是国防机密，所以基辛格这样回答："我不确切知道正在配置分导式导弹头的'民兵'导弹有多少，但导弹潜艇的数目我是知道的，只是不知这个数字是否保密？"记者想也没想就说"不是保密的。"结果基辛格马上回答："既然不是保密的，那你说是多少呢？"记者顿时哑口无言了。

基辛格用的就是虚假两难：如果潜艇数字是保密的，那我就不能说；如果潜艇数字不是保密的，那我就不必说。听起来是两个选项，但其实这里绕开了另一种可能：既然是公开的，那麻烦基辛格先生再告知一下。这个选项被基辛格以反问的形式掩盖掉了，反应不快的记者也只能吃哑巴亏。

虽然虚假两难是很好的逻辑大杀器，但是完全可以以彼之矛攻彼之盾。

古希腊有个国王，有一次决定要处死一批囚徒。当时行刑的手段有两种，一种是砍头，一种是绞刑。于是，国王通过刽子手告诉囚徒们："国王陛下有令——让你们任意挑选一种死法，你们可以任意说一句话——如果说的是真话，就绞死；如果说的是假话，就杀头。”大家一听，横竖都是死，而且砍头和绞死也没差哪儿去，所以大家也懒得浪费脑细胞，都是随口说一句真话或者假话，结果就被当场处死了，也有的稍微动了点脑子，说了一句没办法马上验证是真话还是假话的话，比如“一万年以后会遇到世界末日”，最后被认定是假话砍了头，还有因为紧张说不出话的被认为是说真话而绞死。眼看着囚徒们死的差不多了，这时候还剩下一个囚徒，轮到问他的时候，他对国王说：“你们要砍我的头！”国王一听觉得十分为难：如果砍他的头，证明他说的是真话，可如果说的是真话，他们就应绞死他；如果绞死他，说明他说的是假话，可如果是假话，他怎么又被砍头了呢？国王想破了脑袋，也没有想出解决办法，最后只能把这个囚徒放走了，这条奇葩的法令也就废除了。

那么在这个故事里，到底是谁陷入了虚假两难呢？其实，始作俑者还是国王，他把世界上所有的话分为了真话和假话，表面上看没问题，但是仔细琢磨就很有问题，譬如有人说“一万年以后会遇到世界末日”，就是现在也无法求证，如何认定是真话还是假话呢？还有那些根本没讲话的也被当成真话处死了，这已经违反了游戏规则，所以是国王给囚徒们制造了虚假两难，因为这个逻辑本身就存在问题，所以最后那个囚徒才能找出漏洞，让国王也陷入到虚假两难的境地。

现在懂了吗？虚假两难，和我们上一节提到的那些逻辑陷阱有些不同，它并不都是有意套路对方的，有时候是提问者自己先钻进了套路里，比如“先救我还是先救你妈”，一些女孩看了这个问题后，想要知道自己在男人心中的位置，所以不顾爱情和亲情并不冲突这个基本前提，把一个单纯的救人问题变成了残酷的选择题去拷问对方，如果没有得到满意的答复，到头来受伤最严重的还是自己。

其实，避免虚假两难很容易。

第一，比较双方是否真的存在对立关系。

无论是救老娘还是救老婆，只是一个随机事件，谁离得近救谁，如果离得一样近，救老人也符合国际通行的道德标准，跟爱不爱媳妇完全是两码事，更何况这种事发生的概率能有多大呢？它根本也不是一个能反映爱情和亲情谁更重要的问题。

第二，比较双方是否还有其他可能。

在囚徒的故事里，真话和假话变成了唯二的选择，这本身就限定了选项，否认了有些话无法当时证明是真是假。所以我们要学着开解自己，不要把问题想得那么局限，好和坏只是相对而言，它们之间存在着过渡地带，而高和矮、长和短这些对比关系也是相对的。

第三，比较双方是否互为因果关系。

有些家长在教育孩子的时候，因为恨铁不成钢常常这么说：“你是好好学习进大公司还是不好好学习捡破烂？”结果还真吓到了一批孩子。其实这里就是强行加上了因果，事实上好好学习和进大公司有因果关系吗？最多只有概率关系，同理不好好学习和捡破烂也是如此，只要提出反例就能验证它的荒谬性。

世上本无事，庸人自扰之。其实在生活中，庸人往往不怎么自扰，反而是聪明人想太多，因为他们获取的信息多，分析问题的能力强，所以一个问题就能找出好几种破解方案，结果分着分着，一不留神就掉进了两难的绝境。其实，与其绞尽脑汁琢磨出路，不如跳出来重新看看那个问题，或许就有不一样的解读了。

4 损失规避：
丢一百又捡一百，怎么感觉还是亏大了？

有一个乐善好施的富翁，经常走过一个十字路口，那里有一个乞丐，富翁每次都会给他一张百元大钞，乞丐为此感激涕零。然而有一次，富翁身上只有一张五十元的钞票，于是就随手给了乞丐，结果乞丐勃然大怒："我那另外的五十元去哪了？"

这个故事听起来像是一个不满足现状的故事，但其实这是一个有关逻辑的问题，那就是损失规避。

什么是损失规避？简单说就是，人们面对同样数量的收益和损失的时候，大多数人都会觉得损失了，用简单的数学方式表达，就是损失带来的负面效应是收益的正面效应的2倍还多。由此诞生了一个名词叫做"损失厌恶"，是指人们对损失的恐惧和厌恶是非常强烈的。

回头看看那个乞丐，一百元也好，五十元也好，对他来讲都是收益，可他的反应为何如此强烈呢？这不能用简单的升米恩斗米仇来解释。在乞丐看来，收到的五十元钞票的乐趣远远小于没有得到另一个五十元的痛苦。

千万别笑话乞丐脑子转不过来弯儿，其实越是聪明人越容易有损失规避的倾向，因为聪明人会比乞丐想的更多：这一次富翁给了五十，是不是下一次会给二十？富翁怎么突然减少了五十，是不是他快要破产了，以后不会接济我了？你看，聪明人担心的这些，只能增加他们痛失五十元的感受。

可能有的人觉得，我是聪明人，但我也不会因为少给我五十元就不高兴，作为乞丐能要到钱就该知足了。好吧，如果你不是一个乞丐呢？想想看，你在马路上捡到100元的高兴和丢失100元的痛苦，哪一种感情会更强烈呢？也许你是特例，可大多数人明显是后一种感情更加强烈。

很多商家早就发现了人的这种心理，所以在销售手段上会特意避开损失厌恶这种情绪，在不损害自身利益的前提下，通过设置逻辑圈套来让你觉得赚大了。

有一家网店，发货有线上支付和货到付款两种方式，不过有些客户出于各种原因会拒收产品，结果一来一回的运费都要商家自己承担，于是为了规避风险，商家特意在广告里标注货到付款多收10元钱，结果买家看了之后大骂：同样的东西为什么我们要多花10元钱？

为了安抚老客户，一些人的10元钱就被免掉了，可是客户还是很不高兴，认为自己损失了钱。后来，商家转换了思路，把产品的价格直接提高了10元并说明了原因，比如物料涨价、人工涨价等，然后在广告里写到“线上付款可以优惠10元，货到付款按原价”，结果不少客户为了享受10元的优惠价格选择线上支付。

这可不是胡乱编出来的故事，很多营销套路里都有类似的真实案例。那么请你仔细想想，自己有没有遇到过类似的事情呢？是不是也像这些买家一样盘算半天，最后选择了一个“最划算”的办法呢？

聪明人会掉进损失规避的逻辑陷阱里，就是因为他们经过了一个缜密的计算过程，这个过程是没问题的，那么问题出在哪儿？出在没有跳出这个计算过程，而去关注商家上涨的那10元价格。

不仅是营销界懂得玩损失规避的套路，管理圈也喜欢这一口。

有一家公司，总有上班迟到的员工，于是规定每个月迟到3次以上的扣100元，引起了很多员工的不满，因为100元虽然不多，但也是损失，为此员工抱怨不断，还有发到网上吐槽的。公司老总一看有点人心尽失的意思，于是就改了政策，每个月一次不迟到的奖励100元，结果大家都恨不得第一个冲进公司里，积极性全被调动起来了。

你看，损失规避是一个很要命的东西，你踩上它，带来的就是负面效应，避开它，得到的是正面的结果。所以从这个角度看，损失规避和一般的逻辑陷阱不同，它可以被引导产生激励作用。

对于损失规避心理，我们如何才能尽量避免呢？

第一，多一点佛系，少一点算计。

作为消费者估计都遇到过这样糟心的事儿：某品牌赶上双十一期间放送赠品，结果你因为手滑没有抢到，花了和别人同样的钱却少拿了一样，于是脾气暴躁还可能会去质问客服。其实仔细想想，那个赠品你真的需要吗？未必，只是因为你损失了才情绪失控的，不如看开一点，把拿到赠品当成一件幸运的事儿，你不过是维持常态罢了，没准下一次你就能抢到赠品，哭的是别人。

第二，多一点远见，少一点短视。

如果你是那个乞丐，突然少收到了五十元的钞票肯定心里不爽，可你因为这事发了火，富翁会怎么想？人家下次还能再给你钱吗？所以不要为了眼前的得失动怒，这样有可能损失长远的利益，正所谓“塞翁失马焉知非福”，今天的损失也许是明天的收益，谁又能说得准呢？

第三，多一点自省，少一点抱怨。

因为迟到公司扣你的钱，你的确是损失了，可你有没有想过这种损失还不是因为你自身的原因造成的？如果你晚上少玩一会儿手机，早起一点，那就不会迟到了，更何况一个企业没有点惩罚措施，如何管理员工呢？因为自己受了损失就去抱怨，怎么能认识自己身上的不足呢？

反过来看，损失规避这种事儿的确是得罪人的，所以我们在为人处世的时候，也不要触动别人的损失厌恶情绪，如果给人恩惠，应该从淡到浓，如果先浓而后淡，人们很容易会忘记你的恩惠，就像富翁和乞丐那样。同样，树立威信也要先严厉后宽容，如果先宽容后严厉，你在别人眼里就变成了冷血动物。

5 轻率概括：

萧敬腾是雨神?

如果有人问你雨神是谁？如果你叫不准答案去百度，会发现在这个词条中有一个画风违和的词条——萧敬腾。是的，你没看错，现在人们提到的雨神，不是名媚，也不是赤松子，更不是河伯，而是这位来自中国台湾的歌手和演员。那么，一个娱乐圈的艺人怎么就混上了雨神的称号呢？

说起来，这个称号要追溯到2012年7月21日，当时萧敬腾到北京开演唱会，结果就来了一场大暴雨，这倒不算什么，可接下来的事情才让人惊讶：萧敬腾巡演到哪里，哪里就阴雨连绵，从南京到长沙，从纽约到伦敦，无一幸免，所以才多了一个“雨神”和“萧龙王”的称号。根据网友的统计，萧敬腾从2012年1月至2013年7月共43天行程中，一共出行43次，其中有26次赶上下雨，占比高达60.46%。

当网友们以为自己“发掘”到一位雨神时，其实那不过是轻率概况而已。

轻率概括是指，运用不正确的方法简单枚举归纳推理所产生的逻辑错误。换句话说，就是掌握的素材不够或者选择性地积累一点点素材，然后得出一个普遍性的结论。自然，这样的结论是不可靠的。

然而说到这里，估计有人要反驳了：60.46%的数据还不足以说明问题吗？没错，这个数据本身没问题，可有人注意到数据取样的时间段和地点了吗？1月到7月，多雨的城市，这些构成要素就是隐藏的条件，如果让萧敬腾去撒哈拉开演唱会还能下几场大雨，那才是真的雨神。

轻率概括，这个名词对我们来说是陌生的，可在生活中却无处不在。你参加一个聚会，是不是会经常听到类似的话：“教育行业很容易做，我有个朋友去年赚了好几百万。”“电商行业现在不好搞了，我亲戚去年赔了好几十万。”这种以“我朋友”“我亲戚”为开头的结论大赛实在太多，而且还很有市场，因为符合“鲜活性效应”的特征——都是身边的真人真事，说的人滔滔不绝活灵活现，听的人津津有味如痴如醉，结果错误的结论就被轻而易举地传播开来。

那么，你觉得这类人不够聪明吗？当然不是。如果你是一个销售，是不是也喜欢用身边的鲜活案例当成普遍案例对客户实施话术攻势呢？如果你是客户，是不是也愿意通过这些生动真实的个案去判断自己要不要出手呢？没错，这恰恰都是聪明人喜欢做的，因为他们无时无刻不在考虑如何规避风险以及如何获得收益，因此一个概括性的结论就非常重要。

放眼世界，这种被轻率概括忽悠的聪明人为数不少。在20世纪，世界石油有机生存学派算是一个高学历高智商的群体了，而就在这个群体里，有一部分人认真分析了某些国家没有从陆相地层开采出石油的案例，结果就得出了一个结论：所有的陆相地层都没有石油储藏。事实证明，大多数的陆相地层都有丰富的石油储藏，比如中国。

普通人犯轻率概括的错误，怎么专家也会犯这种错误呢？这倒不能简单归结为“这些专家就是伪专家”，恰恰相反，是这些专家掌握了丰富的理论和实践经验，所以他们会习惯性地用这些知识和经验形成的认识去推断一个尚未被真正认识的领域，说白了，是人家自己有了一套知识体系，以此为工具，才做出了轻率概括。相反，你要让一个没有石油知识储备的人去找石油，他准是扛着钻头挨个儿地皮勘探，结果就真的钻出了石油。

过于迷信自己的认知系统，过于依赖自己的信息加工系统，这是很多聪明人作出轻率概括的根本原因。当然，这个认知错误的锅不要只甩给聪明人，这也是人类认识事物的固有现象，那就是先从事物的特殊性入手，然后再进行概括性的工作，进而认识事物的共同本质。但问题在于，这个“特殊性”的范围有多大？是萧敬腾创造雨神称号的那26天，还是他所有出行的日子？一部分人选择了前者。

说到这里，我们其实也发现了问题的本质，要避免轻率概括，就要积累足够多的样本，而积累足够多的样本其实和聪不聪明没什么联系，而是和一个人的耐性、思想的成熟度、功利心有关，所以很多时候，看起来不是那么聪明但是脑子有些“轴”的人，反而能够积累足够的样本，总结出更接近事物共性的结论。

分析到这里大家也都明白了，想要避免犯轻率概括的错误，就要避免“认知吝啬”，也就是不要用简单粗暴的归纳法去得出一个结论，而是要多采取数据样本，避免被先入为主的观念所影响。虽然我们承认，在收集样本的过程中，我们会消耗一部分时间和精力，但是我们由此获得的结论是最接近客观事实的，得出一个科学性的结论，再用这个结论去指导实践，我们的收获也是巨大的，这也是为什么搞科研必须有一颗能沉下去的心。即使是做生意，那些历经风雨的百年老字号，也是因为有了足够的沉淀才做大了市场，如果抱着干一票就走人的态度，那轻率概括确实和你很班配。

6 幸存者偏差：
翘课一次就分享经验，你以为老师天天心情好？

相信你肯定听过这样的话：“现在读书还有什么用？我们家有个人小学毕业就出去打工，现在成为大老板了。”更可怕的不是这句话，而是说完这句话以后，会有更多的人马上附和：“对对，我也认识一个这样的人！”于是，这样几个鲜活生动的案例就成为了“读书无用论”的概括。

平心而论，这些低学历的成功者有没有个人能力？一定有，但是他们的幸运值也不低，因为在一个学历仍然是诸多行业敲门砖的时代，能够绕开这道屏障获得成功的人，单靠自身的努力是不够的。

很显然，读书无用论是一个谬论，因为人们关注的是成功者，一旦某个成功者身上具备了很特殊的特点时，比如成绩不好，就更容易受到别人关注。那么，要想证明读书真的无用，必须把所有成绩好的人都拿出来，然后做一个统计，看看他们当中有多少人混得比较差，再把成绩不好的人拿出来，统计他们的成功率，这样才能客观地对比。事实上，从统计学的角度看，人们的收入水平和学历水平是大体相当的。

说到这里，有人会产生似曾相识的感觉，这个案例不就是“轻率概括”吗？怎么成了幸存者偏差？其实仔细甄别的话，二者还是存在差别的。轻率概括，问题是出在样本太少而得出了错误的结论，而“幸存者偏差”，问题是出在样本特殊才得出了错误的结论。更重要的一点区别是，两个逻辑错误所产生的心理效应是不同的，轻率概括不过是信息加工的问题，而幸存者偏差不仅仅是信息加工，还带有很强的侥幸心理，而这个往往是最致命的。

第二次世界大战时，空军是重要的兵种，当时盟军的飞机在空战中总是损失惨重，经常被纳粹的地面炮火击落，于是盟军总部邀请了一些物理学家、统计学家以及数学家成立一个小组，研究如何减少空军被击落的课题。为了收集样本，军方统计了所有返回飞机的中弹情况，结果发现飞机的机翼部分中弹最密集，而机身和机尾部分中弹比较稀疏，所以盟军高层得出一个结论：加强机翼部分的防护。

这个信息加工的结果，从表面上看没有什么毛病，但是一位来自哥伦比亚大学的统计学教授沃德却认为不妥，紧接着他提出了一个完全相反的观点：应该加强机身和机尾部分的防护。沃德为什么会得出这个结论呢？在他看来有三点原因：第一，样本都是平安返回的飞机；第二，机翼被击中的飞机仍然能够返航；第三，之所以发现机身机尾的中弹量很少，是因为中弹多的无法返回。综上所述，能够返回的飞机都是幸存者，所以对它们的分析是片面的，那些没有返回的飞机才是关键。最后，盟军采纳了沃德教授的建议，对飞机的机尾和机身部分进行加强，而事实证明这个决策是正确的，盟军飞机的被击落率大大降低。

幸存者偏差也是一种常见的逻辑谬误，它是由于人们看重筛选的结果而忽视筛选的过程造成的错误，所以对应它还有一个名词叫做“沉默的数据”，也就是那些被悄悄筛选掉的数据。

和其他常见的逻辑谬误相似，幸存者偏差也多发生在聪明人身上，为什么又是聪明人？因为如果不是聪明人，根本不会收集样本去获得一个数据，这是一个良好的认知习惯，是规避犯同样错误的信息加工方法。但是问题也跟着来了：你只关注对收集到的数据进行分析，却忽视了数据本身是经过筛选的，得出的结论可能截然相反。

如今人们追捧的成功学，其实也是一种幸存者偏差，这些所谓的学说把成功人士聚集起来，分析他们的成长经历和个人特质，却对他们身处的时代和环境很少深入分析，可事实上和他们具有相似特质的人并不少，但都是因为一些意外因素导致了失败。从这个角度看，这些失败者踩过的“雷”对普通人的指导意义更大，因为它能教会我们“避免失败”。相反，成功者的“如何成功”又包含了一些我们看不到的隐藏胜利条件，往往无法复制。

可惜的是，聪明人通常不会这样分析问题，因为他们觉得失败者犯的错误实在太多，一个一个去分析太浪费时间，不如专门研究一道正确的例题来得更快。应该说，这种想法也没错，有的人也的确从成功者身上学到了不少优秀特质，可也仅仅如此而已。但是，这种鸡汤式的成功学就是那么有市场，就是能够鼓舞人心，更何况也没有人会去关注失败者。

一位记者来到火车站台上，采访一位大妈：“您买到火车票了吗？”大妈点点头。随后记者又采访一位年轻人：“您买到火车票了吗？”年轻人点点头。接着记者又采访了10个人，大家都说买到票了，最后记者笑容满面地对着摄像机说：“今年火车票虽然难买，不过从我们的随机采访中可以发现，大家还是如愿以偿地买到了车票，祝他们一路顺风！”

猛一看这个报道，可能没有人会觉得不正常，但是重读一遍会发现一个严重的问题：能在站台上的人，绝大多数都是买到车票的人啊！可是，当我们匆匆浏览这则信息的时候，未必能发现问题所在。没错，因为你足够聪明，知道要快速地进行信息提取，既然有人帮你收集到了信息，你自然也不必浪费时间去反复查证。

因为懒于进行信息加工，所以聪明人才犯了“幸存者偏差”的错误，但这并不是最可怕的，最可怕的是，聪明人需要用“幸存者”的案例去鼓舞自己，让自己相信只要按照幸存者的经验，自己就能成为下一个幸存者。

或许，这才是滋生幸存者偏差的主要土壤。

聪明人喜欢思考，聪明人喜欢总结经验，聪明人也更容易给人生制定计划，因为他们渴望出人头地，渴望和大多数人拉开距离，这就要求他们不仅要总结或者学习一套成功理论，更需要不断地“催眠”自己，让自己坚定斗志，对未来抱有美好的预期。从出发点看，这些想法都没错，可是这暴露了一个问题：急功近利。

一个人想要成为幸存者，往往是综合能力的胜出，这包括个人能力，包括价值观念，也包括奋斗精神，如果想要修炼好这些技能，不投入必要的时间和精力是不可能的。然而没有多少人愿意作出这样大的牺牲，或者准确地说，他们从骨子里鄙视那些“非幸存者”，认为发生在他们身上的故事是一文不值的，没办法打动他们，所以也就直接过滤掉了，而这些“非幸存者”，不就是那些没有安全返航的飞机吗?

想要避免吃“幸存者偏差”的亏，最重要的一点就是尊重和关注“非幸存者”。虽然他们失败了，但是他们身上保留了更有价值的信息，这些信息往往决定了你的生死成败，而且每一个都是致命的。如果你成功避开了这些反面案例，很容易就走上通往成功的道路，而不必专门去学习那些看起来高大上的正面案例。

CHAPTER 04

第四章

你以为自己活得很潇洒?

1 从众心理：别人买了香奈儿，就把百雀羚当土味？

买家：第一次上网买东西，不知道这款护肤霜效果怎么样？

卖家：请您放心，这款化妆品不论是在实体店还是在网店，销量都遥遥领先。

买家：看起来很不错啊，买了！

相信上述这个情景，即使没有发生在你身上，也发生在你周围人的身上，它代表了一种非常普遍的现象——从众心理。

从众心理是指个体在社会群体的无形压力下，不由自主地和大多数人保持一致的社会心理现象，也就是我们常说的“随大流”。从众心理是一道非常壮观的风景线，比如在一个摊位前，人们排起长队抢购某种产品时，如果你问他们是不是真的需要这些东西，他们可能一脸迷茫地琢磨半天，因为他们可能真的不需要。

从众心理不仅是壮观的，也是可笑的，来看这样一个故事。

一天，一个人站在大街上抬头望向天空，这时过来一个人问他“你在看什么？”那个人没说话，只是直勾勾地看着天空。过了一会儿，又有一个人走过来问：“你们在看什么？”第二个来的人说：“我是看他在望天所以也跟着看，可能有飞碟！”于是第三个人也留下来寻找“飞碟”。很快，越来越多的人凑过来跟着一起望向天空，虽然大家什么都没看到，可“有飞碟”这三个字传遍了人群，大家都瞪着眼睛寻找。最后，第一个抬头的人忽然走开了，马上有人拉住他问：“飞碟在哪儿？”那个人挠着头说：“什么飞碟？我刚才鼻子出血了才抬的头！”

从众心理虽然会引发一些“人类迷惑行为”，从本质上看，这个心理效应并没有绝对的好坏，但是它所能产生的后果却是值得警惕的。

在朋友圈里，一个人转发了一条正能量的视频，其他人也会在从众心理的效应下跟着转发，继而从几个人扩散到成千上万人，大家会把这个正能量当成主流信息所接受，此时从众心理就产生了积极的作用。但是，如果一个人转发的是一条谣言并且被某些利欲熏心的营销号带了节奏，那么被转发和传递的就是负能量。

从众心理本身无对错之别，但问题在于，很多人深谙从众心理的可怕之处，会有意识地利用它去驱使他人做不正确的事情，这就需要我们避免掉进从众心理的陷阱中。

阿尔伯特·施佩尔曾经是希特勒的高级顾问之一，他在回忆录中写到，希特勒身边的顾问团队就是一群被洗脑的只会盲目从众的团队，他们从不提出任何异议，因为他们觉得元首的决策是正确的，认为整个德国的国家机器都在朝着纳粹主义的深渊前进，自己有什么理由不跟上呢？所以希特勒的任何一个决策都能得到顾问团队的全力支持，他们已经完全丧失了独立思考的能力。结果，我们看到的纳粹就成为血腥屠杀的刽子手。

既然从众心理会带来如此可怕的结果，为什么有些人就不能认清真相呢？可不要小看“有些人”，他们往往都是聪明人。

为什么又是聪明人？

第一，聪明人知道，人是社会性动物，个体脱离不了集体，所以当大家都表示喜欢的时候，如果自己公开唱反调，那可不会被说成是有个性，只能被集体排挤。所以为了在集体中更好地生存下去，从众就成为一种必需而非选择，至于喜不喜欢大众口味，那已经不重要了。

第二，聪明人知道，大众的选择往往是靠谱的。一个人再特别，他也是源自于集体，虽然存在个体差异，但整体上人们的审美、饮食、文化识别、社会交往等方面并不会产生太大的分歧，那么既然集体作出了选择，聪明人还需要自己再去探索一遍吗？出力不讨好，所以他们高兴地选择了随大流，等于选择了一条捷径。

第三，聪明人知道，“法不责众”是人类社会的潜规则。当一个从众的结果出现问题时，比如一条把受害人当成加害人的反转新闻被曝光了，从众的人会感到羞耻吗？不会，因为他们本能地认为这不是自己的错，而是大众的错，自己不过是被误导了。相比之下，如果站在小众的立场上，赢了没人会在意你，输了却要被围剿，所以聪明人一定会借助“从众”来保护自己。

有了这三点原因，让从众心理在聪明人身上更为突出，因为从众心理给他们提供了合群的标签，提供了选择的捷径，提供了犯错的保护伞。

看到这里你也明白了，从众心理有对有错，但是从个人的成长和事业的发展来看，始终是弊大于利。因为当你从众时，就被抹杀个人的独立意见和判断力，你原本可以茁壮成长的思维遭受了严重的束缚，你可能成为牛顿、爱因斯坦，但因为不敢特立独行而变得墨守成规，这样的代价是不是太大了？

怎么才能克服从众心理呢？其实，从众心理的病根儿就是源于群体的压力。

当我们选择从众的时候，潜意识想的是“别人这么做，我也这么做，就不会错”。的确，人类在基因层面上就是缺乏安全感的动物，所以我们总是会依靠从众来降低风险。但是请你不要忘了，你之所以是张三不是李四，是因为你身上有和李四不一样的特质，这些特质才形成了独特的个性乃至人格魅力，如果你只是复制李四身上的特征，这个世界还要张三干什么呢？

当一个人失去独立思考能力的时候，就会被从众心理反噬，其结果就是不仅没有免于犯错，还被带进了沟里。融入社会，没有错；学习大众，也没有错，但是不加辨别地以牺牲个体意识为代价的从众，那不仅是个体的悲剧，也是整个社会的悲剧。

避免被从众心理迫害的关键，是把自己从人群中拉出来，以旁观者的角度审视自己，判断自己做的事情对不对。很多时候，当我们转换了一个角度，会看到一个不一样的自己。正如那一群抬头看天的吃瓜群众，如果你远远地观察他们，是不是会发现这种行为很愚蠢呢？如果你也跟着抬头看天，你的注意力永远会放在那个看不见的飞碟上。

法国哲学家萨特说过："在黑暗的时代不反抗，就意味着同谋。"不要认为自己的想法和别人不同是一种罪过，或许，你的不同就成为了一盏明灯，指引大众走向新的坦途。

2 不相干谬误：咱班同学都结婚了，你竟然单身拖后腿？

“你看人家王小二，都生两个孩子了？为什么你还是母胎单身？”

如果你身边有个朋友这样批评你，要怎么回击呢？估计有一类人会这样回答：“我还没找到合适的，着什么急？”再或者还有这样回答的：“我又不喜欢孩子，结婚也不生！”听起来，这两种回答都算是给提问者一个反击了，但仔细琢磨一下，这种反击还是建立在对方逻辑的前提下：王小二生孩子了（前提），你也该生孩子（结论）。

这个前提和结论有半毛钱关系吗？

如果你用这句话回击对方，才是真正堵住对方的嘴，而不用解释其他任何原因，因为是对方犯了不相干谬误的错。

不相干谬误，又被叫做歪曲论题、逃避话题、偷换概念等等，名字很多，但意思基本是指某个论证在推理中被错误解读，因为它所

依据的前提和结论根本不相干。再换个说法就是，哪怕这个前提是真的，可如果它和结论毫无关联，那么同样无法构成这个结论的理据，当然它的论证也站不住脚。

如果我们换一个角度，把自己当成是提出不相干谬误的人，你会发现自己并不能准确意识到自己犯错了。想想看你是否做过这样的事：某人在你面前批评你的爱豆演技差，你一听心里老大不爽了，于是脱口而出："你行你上啊！"也许在现实中你拉不下面子，但如果在网上，相信你有足够的胆量会这么回击对方，那么恭喜你加入"不相干谬误一族"。

为什么又是不相干？因为你无论怎样证明吐槽你爱豆的人不行，都无法掩盖你爱豆的不行，二者没有相干性，但是你会本能地用这句话捍卫你爱豆的尊严，因为不相干谬误本身就包含着"同情"这个元素。

"因为我一直喜欢这个爱豆，所以我要反驳所有攻击他的言论。"这句话听起来满满都是感动，可这就是典型的诉诸同情谬误——不相干谬误的一种。因为你喜欢爱豆和捍卫他不是靠逻辑建立关系的，纯粹是感情。

除了同情心是不相干谬误的表现之外，诉诸暴力也是一种表现，最典型的就是对他人的"诅咒"。还是那个看不上你爱豆的人，当你发现自己反驳不了对方的言论时，说不定就恨恨地丢下一句："你嘴这么毒，以后肯定要遭报应的！"除非你的嘴开了光，否则这句诅咒有内在的逻辑吗？就算对方嘴巴毒，和报应有必然联系吗？

除了情感和暴力之外，还有一种常见的表现形式——人身攻击，它也可以看成是在情感和暴力之外的新衍生品，攻击的目标就是对方的人格、动机、态度、地位以及处境等，为什么叫人身攻击，因为前提和论据同样没有关联性。

某天下午，你在一个很窝心的同学聚会上遇到了上学时最讨厌的同学，对方和你闲聊几句，结果扯上了全球变暖这个话题，最后抛给你一个结论：全球变暖是假的。你一听顿时火了，因为这家伙上学没少欺负你，现在又混得比你好，于是你马上甩出一句掷地有声的话："因为你是石油公司的，所以你才骗大家全球变暖是假的，好让大家多买你们的石油！"估计对方听了以后会气得不知道说什么好了。

于是，你终于达到了回击对方的目的，至于那句话有没有逻辑性已经不重要了，这也很好地解释了为什么往往聪明人更容易犯不相干谬误的错，因为它是拿起来就能用的大杀器。

在这个世界上，人和人之间难免会发生争论，甚至从小争论演变为大矛盾，那么如何在短时间内攻击对方呢？立即找到几个现成的前提，再用它们去推导出一个于对方不利的结论，这样就能快速达到目的。那么，不相干谬误就分为两种情况，一种是明知故用，另一种是奉为真理，但无论哪一种都是有害的。

当你明知故用时，对方就算当时没有反应过来，过后也大概率能反应过来，那么他能想到的就是你对人家满满都是恶意，那么你们之间的矛盾基本上无法化解了，他甚至可能会以其人之道还治其人之身，下一次也用不相干谬误来回应你，到时候你再想破解怕是没有那个脑容量，这种逞一时之快的胜利你真的想要吗？更可怕的是，即便当事人没有反应过来，被你问得哑口无言，可如果在场还有其他人，因为处在旁观者视角是很容易发现你的逻辑漏洞的，即便他们没有说破，可你在他们心中就会被定格为一个胡搅蛮缠的人，不会再有人愿意和你深度来往或者产生利益关系，因为你用不相干谬误充分暴露了你的品行。

如果说明知故用是咎由自取，那么奉为真理就是无知者可怜了。

不相干谬误的最可怕之处是什么？不是人身攻击，而是你把它当成一种指导原则，纠正你人生中遇到的各种问题，这时你面临的损失就不是人际关系了，可能是大好的前途。

某个明媚的早上，你穿戴整齐地去一家公司面试，在你之前已经有面试者进去了，此时的你把准备好的自我介绍又默念了几遍，正在你信心满满之际，之前的面试者走出来，一脸无奈地摇摇头——很明显是没有通过面试，就在你为少了一个竞争对手准备开香槟时，忽然注意到这个面试者和你一样都是大胖子，于是在你脑海中冒出一个可怕的想法：这家公司不要胖子！

接下来的故事就没有什么悬念了，你可能直接失望地跟着那个胖子离开，也可能硬着头皮进去面试，但此时的状态已经大不如前，最终也是被淘汰出局。那么，决定你生死的是你的一身脂肪吗？不是，是你的不相干谬误。

想要根除不相干谬误带来的负面影响，就必须戒除掉急躁的心理，也就是不要急于给他人或者自己下定一个结论，更不要妄图生造某种规律，而是先回归到现实。为什么有的结论是正确的，因为它是符合事实的，那么在表象和真相之间一定有着某种系统性的联系，而不是看上去好像有联系。

那个落选的胖子，你只看到了他一身肥肉，却没看到他笨拙的口才，也没看到他少得可怜的社会经验，而这些往往才是面试成功的“系统性联系”，如果你能多了解和分析对方的失败原因，或者直接屏蔽你们所谓的共同点，保持之前的应聘状态和节奏，那就会远离不相干谬误带给你的影响。

对客观事件的点评是这样，对他人的点评也是如此，不管我们对某个人恨得多么咬牙切齿，反驳或者批评对方时，也要抓住重点，寻找有联系的结论，比如对方嘴巴毒，我们不要诅咒他会遭报应，而是冷静地来一句：“你知道为什么大家不愿和你说话了吧？”这种存在逻辑关系的结论，不仅不会让你显得胡搅蛮缠，更会深深地作用给对方——要么点醒他，要么打肿他，总之都能起到一击必杀的作用。

3 定势思维：告诉你那是个坑，你非跳进去演个看图说话

美国著名发明家爱迪生，他的一切发明成就都与他活跃的思维是分不开的。有一次，爱迪生在实验室工作，忽然需要了解一个灯泡的容量，然而由于自己当时太忙，就递给助手一个没有上灯口的玻璃灯泡，让助手测量灯泡的容量。过了一会儿，爱迪生忙完手头的工作以后，助手仍然没有将数据送过来，爱迪生只好去找助手，这时他看到助手还在忙于计算，爱迪生纳闷地问需要多长时间，助手表示刚刚算了一半还不到。爱迪生这才明白，原来助手正在用复杂的公式计算，爱迪生不等助手说完，把灯泡注满了水交给助手："把这里面的水倒在量杯里，马上告诉我它的容量。"

不要认为这个助手很傻，在生活中我们更多的时候就是助手而不

是爱迪生，因为我们太容易陷入到定势思维当中。

定势思维是一个人的信念被局限在现有的认知中无法走出来。定势思维容易束缚我们的想法，让我们用常规的方式去面对所有问题，导致犯下意想不到的错误，而这种错误，可能带给我们灾难性的后果。

心理学家曾经找来数量相同的蜜蜂和苍蝇，把它们装在瓶子里，让瓶底朝着窗户的一边观察蜜蜂和苍蝇的情况。结果，蜜蜂只是拼命地在瓶底顺着阳光寻找出口，结果活活被饿死了，但是苍蝇却不同，它们在瓶底找了几分钟发现出不去，就选择瓶口的方向逃生，最终自救。

没想到，勤劳的小蜜蜂竟然是定势思维的受害者，而讨人嫌的苍蝇却有着灵活的头脑。别觉得这很讽刺，其实在人类社会中，犯定势思维错误的往往就是聪明人。

为什么聪明人容易犯定势思维的错误呢？因为聪明人知道，用我们在以往经历中获得的既有知识和经验，能够更快更好地解决问题。所以，从这个角度看，聪明人是懂得利用现存知识来解决现实问题的，这是人类能够进化到今天的一个思维武器。

当我们背下九九乘法表之后，就能脱口而出1至9彼此相乘的答案；当我们走在马路上，想着“红灯停绿灯行”，就能在看到红灯时马上停下来……这些都是定势思维在帮助我们解决问题。但是，有时定势思维也会成为禁锢我们认知能力的枷锁。

比如我们曾经被毒蛇咬了一口，以后见到无毒的草蛇也会本能地避开，虽然这个动作并无必要，但还是帮助我们规避了风险。但是问题在于，如果你认为的那条“草蛇”其实是一根绿色款的井绳呢？你可能会因为它绕了一段路结果被真的毒蛇咬到，那么这时候定势思维就决定了你的生死了。

当然，现实生活中被定势思维坑害未必会有如此严重的后果，但是从我们个人的成长和发展来看还是很可怕的，因为当我们的思维陷入到定势中，就失去了创新和创造的空间，本来你可能拥有一些很精妙的灵感，那么就会因为定势思维被扼杀在摇篮里，还没有酝酿出来就被自己否定了。

有这样一个故事，充分说明了定势思维真的是认知能力的“杀手”。

一个警察在路边和人聊天，这时有一个小孩跑过来对警察说：“你爸爸和我爸爸在吵架。”路人一听感到很奇怪，问警察这是他什么人，警察说这孩子是他儿子。那么问题来了，小孩所说的两个吵架的人，和警察是什么关系呢？

为了进行心理测试，当时专家们找了100个人，结果只有两个人答对，其中有一个就是小孩，他几乎是不假思索地回答：“警察是个女的，她丈夫和孩子的外公吵起来了！”

听到答案以后，你是否觉得脊背发凉？为什么成年人反而找不到答案，小孩子却能瞬间发现端倪呢？原因就在于成年人只要一听到警察就会习惯性地认为是个男人，这是一种将职业和性别形成固化信念的认知习惯，但是在孩子的思维中还没有形成这种固化。

当你的思维被固化之后，想要产生创新思维是很难的，因为创新思维需要不断经历和尝试才能日臻完美，一旦被局限在外形之中，就会受到外在压力的束缚，最终让人难以突破。只有当我们懂得注重事物的本质，才能真的跳出圈子进行思考。

还有一种人之所以摆脱不了定势思维，是因为他们过于迷恋“死磕到底”。他们就像是玻璃瓶中的蜜蜂，朝着一个永远都撞不破的瓶底努力飞着，他们认为只要继续坚持就能化腐朽为神奇。相比之下，看似不够坚持的苍蝇，因为思维的变通而找到了正确的出口。所以，蜜蜂不仅是死在了定势思维上，也是死在了对坚持的盲目信仰上。

从本质上看，对坚持的盲目信仰也是一种定势思维，那就是我们认定某个理论可以适用于任何场景，所以才把它们当成指导自己的准则，殊不知这些理论都有自身的局限性。

那么，我们如何才能打破定势思维呢？其实，我们不必非要成为爱迪生那样的人，只需要知道一件事：能把你“定”住的只有你自己。

在心理学上，定势思维也被看成是限制性信念的一种，简单说就是把我们自己的行为模式困在一定的框架之中，那么关键点来了：当你的信念不发生改变的时候，你的行为只能在不断重复，得到一个陈旧的结果。所以，要突破限制性的信念，就要学会觉察。

什么是觉察？最容易理解的就是换位思考，让我们同时体验主体和客体之间的差别，从不同的角度对同一问题产生新的认识，就比如那条让你害怕的“毒蛇”，你判断它是毒蛇的依据是什么？长条状的物体？只有这一个特征够用吗？如果你确实没有找到第二个特征，你是不是可以站在远处扔一块石头试探一下呢？其实你不是没有办法，只是更习惯于旧有的经验，毕竟它们已经储存在你的大脑中了。

觉察就是洞悉，是直观地认识事物的方法。当我们习惯于抛开成见去觉察事物时，我们的思维本能才有机会进化到更高的阶段，我们就不会被定势思维束缚住手脚，我们会在大多数人草率地下了一个结论之后，从“求异”的角度寻找新的答案，你就可能成为那个没有被思维固化的小孩子。

4 棘轮效应：

吃了雪花牛肉，就想喝 82 年的红酒

在商朝时期，纣王刚刚登基，天下人都觉得这是一位英明的国君，从此江山稳固，百姓可以安居乐业。一天，纣王让人打造了一副象牙筷子，特别高兴地用它吃饭，没想到被叔叔箕子看见了，箕子劝纣王把筷子收藏起来，然而纣王却没听进去，文武大臣们也觉得一副筷子没什么大不了。但是，箕子却因为这件事变得忧心忡忡，有人问他为何如此大动肝火，箕子表示，当纣王使用象牙做筷子以后，就不会再用土制的瓦罐盛汤盛饭，然后又会用犀牛角杯子和美玉制成的饭碗，当他有了这些奢侈的餐具之后，还能吃粗茶淡饭和豆子煮的汤吗？”

事情果然不出箕子所料，没过多久，纣王的餐桌上就渐渐出现了美酒佳肴了。吃的好了，穿的也不会差，纣王从此是绫罗绸缎不离身，紧接着又要求住豪华的宫殿，于是纣王大兴土木修建楼台亭阁。

五年的时间过去了，在纣王纸醉金迷的生活中，商朝最终灭亡，箕子的担忧变成了现实。

棘轮效应是经济学家杜森贝利提出的，它还有个小名叫“制轮作用”，是说人们的消费习惯一旦形成就很难改变。具体地说就是向上调整容易向下调整就很难，特别是在短时间内很难逆转，这是因为习惯产生的效应会有强大的控制力。打个比方，你以前每天中午饭的标准是100元钱，小龙虾螃蟹腿随便吃，现在降到了10元钱，连个肉丸子都没有，这就让你没办法适应，可如果把中午饭的标准突然提高到1000元，各种料理西餐随便吃，那你绝对能适应得了。

其实，人们的这种习惯效应主要取决于自己在高峰时期的收入多少，一旦体验过那个阶段，就很难适应更低的水平了，难怪司马光说：“由俭入奢易，由奢入俭难。”

棘轮效应是真的害人不浅，能在悄无声息之中消磨掉一个人的意志。可讽刺的是，很多聪明人偏偏躲不开这个坑，义无反顾地掉了进去。

为什么会这样呢？

其实聪明人的想法很简单，他们认为自己的生活水平上去以后，就要在各方面都匹配才行，这从审美的角度看是有道理的。打个比方，一个人穿着定制西服，头上戴着的却是狗皮帽子，这能搭配吗？只能显得更加滑稽。所以从这个角度看，聪明人的确会为了一双象牙筷子配上犀牛角杯子。

但是问题来了：一双象牙筷子究竟要搭配多少东西呢？相信没有人能给出答案，因为人的欲望是无止尽的。

在生活中，棘轮效应往往不是孤立存在的，它会伴随着人类的其他认识和情感，比如在子女教育方面，很多家长会随着孩子年龄的增长给他们更多的零花钱，因为他们觉得这是爱的表现，也是为了践行“富养”策略。表面上看没毛病，可连成年人都抵抗不住的诱惑，放在孩子身上又会产生多大的影响呢？孩子的欲望会被家长的宠溺逐渐刺激增大，最终一发不可收拾。更可怕的不是花几个钱的问题，而是孩子会随着物质生活的提高提出更多无理的要求，进而萌发出攀比之心，长此以往，还能把精力集中在学习上吗？

棘轮效应是人类的一种本能，所以不要指望某个人能够在自由意志之下抵抗它，因为人生来就有欲望，“饥而欲食，寒而欲暖”就是最典型的写照。因此，给予对方爱没有错，但如果这种爱在无节制地刺激对方的欲望，那最终就会害了对方。

美国国家经济研究局曾经做过一次调查，发现二十多年来，欧洲彩票头奖中奖者由于挥霍无度而造成的破产率每年高达75%，不少人甚至从富翁变成流浪汉，这就是棘轮效应作祟的结果。从初衷来看，这些中奖的幸运儿改善生活水平有错吗？没错，甚至可以说是聪明的做法，因为经济条件上去了，人也应该在衣食住行方面同步提高，可当这种提高失去控制以后，结局就会变得异常悲惨了。

我们生活的时代，是一个纵容棘轮效应的时代，因为现在的消费门槛变低了，人们可以通过借贷来提前消费，这就让那些囊中羞涩的人有机会购买超出消费能力的商品或者服务，然而稍不注意就会陷入到连环贷的陷阱中，利滚利，滚到你被压得喘不过气来。

在电影《一个购物狂的自白》中，女主角丽贝卡是一个时尚的纽约女孩，她认为消费是“对得起自己”，结果从上万元的高级内衣到数万元的潜水设备，全部被她从商场搬回了家，最终她被数不清的账单淹没，因为信用破产差点丢了工作。这种事例在现实中绝不少见。

要想抵抗棘轮效应，不仅要保持理性的头脑，更要树立正确的消费观念。

首先，进行有计划的消费。不论购买什么，都要先考虑清楚是不是必需品，而且一定要量入为出，不能需要一双鞋就买了高贵的限量版，这种需求是伪需求，必须看着自己的银行账户余额再决定要不要出手。其次，要增强赚钱的能力，当你真的富裕起来了，偶尔奢侈一下也没什么大不了，反而能够成为刺激你不断努力的动力。最后，学会理财，当你懂得用钱去生钱的时候，就会从客观上限制你的肆意消费，你会把闲钱投放在更有用的地方。

5 互惠偏误：
都给你点赞了，借我点钱不行？

一个阳光明媚的早上，你背着旅行包来到一个旅游景区，忽然围上来几个热心的当地人，他们对着你拍了一张又一张照片，每一张都拍出了最美的角度和最佳的效果，正当你打算用当地方言表示谢意时，对方突然拿出当地的土特产向你兜售，这时候的你忍心拒绝吗？或许你觉得在景区本来就是“是非之地”，被人变着法要钱是在所难免的。那好，如果你懒得出远门，只是带着你可爱的宝宝在市中心闲逛了一圈，这时一个路边卖玩具的销售走过来，送给你孩子一件好玩的玩具，然后让你填一张表格时，你总不会拒绝吧？因为在你心里忽然涌出一个念头：天下没有免费的午餐。

午餐的确是没有免费的，但这句话并不适用于任何场景，至少在上述两个场景中，你虽然亏欠了当地人和销售，但他们让你偿还人情的方式是不对等的：帮你照相，用的是你的相机，不过是搭一点时间而已，可你回报给对方的却是真金白银；赠送你玩具，如果是对方自愿的，你只需要说一声谢谢就没有任何道德包袱，但是填了表格却泄露了你的个人信息。

经过这一番分析，你是不是忽然觉得自己很傻，可回到当时的情景中，你和对方都觉得就应该按照这样的剧本来，这是因为你们都产生了“互惠偏误”。

互惠偏误的基本含义就是：“我帮你，你帮我。”说得再透彻一点，就是一方先赠予另一方，然后再向另一方索取。从表面上看，互惠互利完全没有问题，符合人类社会的基本社交法则。但问题在于，这种互惠应该是同等级的互惠，就像我们上面分析的那样，一旦出现了不对等，这种互惠就会变成一种掠夺甚至是报复。

其实，互惠偏误从一开始并非是负面的，它源于人们在原始社会的一种生存策略。打个比方，有一天你摸了电门穿越回到新石期时代，成为一名身材矫健的猎人，前一个月运气不好，什么也打不到，只能蹭你们氏族成员的食物。第二个月你掌握了猎杀技巧，打了很多牛羊鹿兔，肉多到吃不完又没有冰箱，于是就把这些肉分给了那些帮助过你的氏族成员，这么一看你们基本算是扯平了。可如果接下来的三个月里，你的运气值加满了，武力值爆表了，又猎杀一大群牛羊鹿兔，但是你的小伙伴们却一无所获，只能继续和你分享食物，这时候的你心里还能保持平衡吗？你很可能会觉得，那些人不过是因为帮了你一个月却要享受小半年的回报，这太不公平了。但是，这种看似的不公平，却恰恰维系了人类社会早期的生存平衡，让运气不那么好的、能力不那么强的人也有机会生存下来，最终壮大群体。

归根到底，互惠这件事本质上就是存在风险的，因为它并不是一种纯粹的交易关系，而是现代社会一些人提倡的“你请吃饭，我请看电影”，只能是大体上打平，不可能完全对等。如果其中一个人利用这种偏误，就可能变成“我请客，你买单”这种最荒谬的偏误。

从原始社会的风险性互惠到现代社会的功利性互惠，人类已经把互惠当成了一种营销工具甚至是道德绑架的利器，然而有意思的是，越是聪明的人，越容易中招。其实原因很简单，因为聪明人都不会只看眼前，而是看得更远一点甚至是更高一点，他们知道人离不开群体，所以当别人帮助了你之后，自然要回报对方。

中国人的礼尚往来是一种泛化的互惠，也可以看成是产生互惠偏误的温床，因为我们只是懂得要和别人保持良好的社交关系，而“礼”就是最现实的工具，但是对于“礼”的大小我们无法量化，也就给了互惠偏误存在的土壤。

面对陌生人，我们保持警惕心和适度的“冷漠”，就能避免互惠偏误带给我们的利益损失。如果是面对熟人，我们可以接受对方的恩惠，但是一定要对等回报，不能因为对方只是给我们的朋友圈点了个赞就请他吃一顿大餐。其实，大多数人情都是可以量化的，我们只要不亏欠对方不委屈自己，这些正常的人情往来不会影响我们的生活，只会优化我们的人际关系网络。

英国哲学家罗素说过一段话：“在和别人、即使是与自己最亲近的人的一切交往中，也应该认识到他们是从自己的角度看待生活的，触及的是他们的自我，而不是从你的角度、从触及你的自我来看待生活。不应该期望任何人为了另一个人的生活而改变他的生活。”简单说就是，每个人都是独立的个体，不管你和对方是什么关系，不管你为对方做了什么，都不要把自己看得太重，不要指望着你的付出必须要换来对方的回报。

聪明人往往躲不开互惠偏误，主要受制于理性和情感的共同作用。

从理性层面看，聪明人经常会思虑太多，容易患得患失，生怕得罪了对方，给自己日后带来麻烦。其实只要对等互惠，对方也没什么可怨恨你的，而且从另一个角度看，当你足够强大的时候，没有谁敢用互惠偏误去要挟你，更不会因为一次拒绝而远离你。

从情感角度看，聪明人对人与人的关系比较敏感，更在意社会关系的亲密感，这就导致了一种不对称的情绪心理，会没来由地要求别人对自己的示好予以回馈。事实上，人和人之间的互惠行为都应该是顺其自然，保持一颗随缘之心就不会失落郁闷了。

拒绝互惠偏误，从一个坚决而不失礼貌的摇头开始，从一个平和而不冷漠的微笑开始，不论对方是谁，不论你为对方做了什么，请都不要用数学思维去计算结果。

6 边际效用：
你说吃素养生，那锅红烧肉进谁肚了？

生活中，总有些人说的话能把你的肺气炸。

一个自称要减肥的小伙伴和你一起出现在某个饭局上，开席之前张口闭口都是“我吃素我减肥，我的意志不可摧”。结果上了一大盘红烧肉以后，他三口两口吃了个八分饱，然后把一盘凉菜划拉到自己身边，这时候一个刚入席的客人走过来和小伙伴攀谈起来，结果小伙伴一边擦着油腻腻的嘴一边说：“你看那些红烧肉，看着就恶心，我就喜欢吃凉菜！”

看到这里是不是有一种动手打那个小伙伴的冲动了？先别急着出手，其实像这样的场面，未必没有发生在你的身上：你就没有通宵打游戏打到吐，然后发誓好好学习的时候吗？你就没有旅游一个月走得精疲力竭，最后表示永远宅在家的时候吗？你以为你是开悟了，成长了，觉醒了，其实那不过是边际效用！

边际效用原本是一个经济学概念，指的是当人们在消费某一种商品时，如果增加一个单位，增加的效用就会递减，以此类推的话，那么最后一个消费单位的效用最小。所以，决定商品价值的并非是它的最大效用，也不是平均效用，而是它最后一个消费单位的效用。

如果这么解释你听不懂，我们来看一个鲜活的案例。

1984年的央视春节晚会上，陈佩斯和朱时茂联袂演出了一个经典的小品叫《吃面条》。小品讲述了一个叫陈小二的年轻人，为了演好角色，被导演一次次要求表演吃面条。在陈小二吃第一碗面条的时候，因为他当时肚子很饿，所以狼吞虎咽，一脸幸福，可是在他吃第二、第三碗的时候，虽然肚子里还能勉强装下，但是已经吃得索然无味了，然而当他吃到第四、第五碗的时候，不仅吃不下，而且是恶心得想吐了。

在这个节目里，陈小二每次多吃一碗面条，那么他对面条的满意度就越低，也就是增加的效用递减了，而当他吃最后一碗面条的时候，满意度已经变成了负数，所以这个时候的效用就是最小的。

客观来看，边际效用并不像一般的心理陷阱那样难以识别，只要认真琢磨一下都能想明白，但是很多人特别是聪明人，却经常性地掉进这个陷阱里，这是为什么呢？答案很简单，因为越是聪明的人，越会给自己寻找一种心理暗示，这个暗示可以是安慰，也可以是激励，甚至可以是阿Q精神。

想想看，当你因为痴迷玩游戏而浪费了本该学习的时间，玩到最后一个小时的时候，效用最低，你对游戏产生了负数的满意度，伴随着一种罪恶感和内疚感袭来，你是不是马上对自己说："原来玩游戏其实也没意思，还不如学习呢！我终于明白这个道理了！下次一定好好学习！"你看，浪费了大好时光的愧疚被递减的效用抵消了，又成功地给自己灌了一大碗鸡汤，至于下一次是不是真的能去学习，鬼才知道。但是，你的自我调节实现了。

人是很容易后悔的动物，这倒不是因为什么劣根性，而是人面对的选择和诱惑实在太多：兜里还有一百元钱，是吃小吃还是买一套参考资料？当你抑制不住吃货属性美美饱餐了一顿以后，自然就会幻想：如果我用那一百元钱买书会怎么样呢？因为可能会后悔，所以你需要给自己一个"受到惩罚"的自我暗示，这时候边际效用就上场了：吃得太饱了，肚子撑得难受，下次可不能这么吃了！当然，你肚子可能真的很难受，但那不过是最后递减的效用带给你的感觉，之前吃得满嘴流油的快感你早就有意屏蔽了。

聪明人懂得用边际效用"惩罚"自己，可是一旦用得顺手了，就会反复无休地使用这个伎俩，导致每一次遇到诱惑都要作出不怎么理智的那个选择，然后在满足之后又提醒自己下次别这么干了，由此陷入到恶性循环之中。

边际效用出现的领域非常之广，它甚至可以作用于我们的情感生活。一对相恋七八年的情侣，在边际效用的影响下，人生若只如初见的激情早已消散殆尽，剩下的只是平淡无奇的感觉，于是情侣中的某个人忽然“睿智”起来，认为这段感情是经不起时间推敲的，最后找了各种借口分手，然后另寻新欢。其实，新鲜感消失是真的，但所谓的“经不起时间推敲”不过是放纵自我的借口罢了。

如果每个聪明人都把边际效用当成方法论，那将会造成无数个错误的选择。

德国哲学家叔本华说过：人生有两大悲剧，一是欲望无法满足，二是欲望得到满足。欲望无法满足自然是挺悲惨的，这个我们也能理解，而欲望得到满足就是在说边际效用，这其实比前一种更悲惨，因为当你的欲望没有得到满足时，至少你心中充满了渴望，保留了对目标最美好的幻想。看起来有些自欺欺人，可这真的比聪明人的有意自我欺骗要好得多。

人是不容易满足的生物，边际效用从本质上看，是一种看似满足其实又没有真正满足的表现。既然我们怎么做都会有不满意之处，那为什么非得为了一时之快而去满足私欲呢？就不能理性地选择更有意义的事情吗？就不能看到事情积极的一面吗？这样，我们就不会像饕餮一样把美味吃到吐，也不会只看到朝夕相处的恋人身上有多少缺点，我们应该去发现积极、正面和美。

克服边际效用带来的负面体验确实有难度，因为人一生所做之事，大部分都是为了满足某种欲望，这也会形成一种积极的动力。所以我们要做的是合理利用欲望，不能让欲望不加束缚地被“满足”，就像那个声称吃素的小伙伴，如果从一开始就忍住红烧肉的诱惑而是直接选择凉菜，那么他吃素的计划就能顺利地推进下去。

欲望的确能在一定程度上操控我们，但是我们也可以操控欲望，当你对着红烧肉流口水的时候，多想想自己的胆固醇，多想想肚子上的“游泳圈”，那么对肉的欲望就会淡了不少，这时候再加上理性的思考，相信你有意志力能够管住自己的嘴。

抛开意志力，我们从内心修炼的角度看，如果一个人真正懂得珍惜，也能抵制欲望的侵袭，比如珍惜时间，就会让我们不再贪玩，把宝贵的精力投入到学习中。再比如珍惜眼前人，就会让我们不受“七年之痒”的控制，认清眼前人对我们的价值和意义……懂得珍惜，学会感恩，这些听起来有些鸡汤的词，恰恰可以从内部坚固起对外部欲望的抵抗，让我们合理地满足欲望，而不是变成欲望的奴隶，这种感觉你真的不想体验一下吗？

CHAPTER 05

第五章

你以为情商都是本能反应?

1 非黑即白：

不快乐就痛苦？那你每天非哭即笑吗？

“你今天快乐吗？”“不快乐。”“那你因为什么难过呢？”“我不难过啊。”“那你怎么不快乐呢？”

这种夺命三连问，怕是一些人真的亲身体会过，而且更多的场合不是打听你的心情，而是对某个事物作出判断，比如“灭霸是一个好人还是坏人”，再比如“光头强是聪明的还是愚蠢的”等等，每到这时候，相信你的注意力并不在问题本身而是提问的人，因为在你看来，这些问题问得很没有技术含量。

可是换位思考一下，你就没有问过这种“非黑即白”的问题吗？当你面试了两家公司，不知道该选择哪一家的时候，你可能会问身边的朋友：“A公司是不是比B公司更好？”当你相亲认识了两个异性的时候，你可能会问亲人：“你觉得A适不适合结婚呢？”

你以为这些问题和“黑白”无关，但其实你想要的答案就是“一黑一白”的：A公司好，B公司不好；A适合结婚，B不适合结婚。但实际上，A公司和B公司各有优劣，也许A前景好，也许B当前待遇好；同样，相亲对象A和B也不存在谁适不适合结婚的问题，关键在于如何与之相处。

转换了角度，你也就明白为什么有的人习惯用“非黑即白”的思维去认识问题了，而这些人大多是聪明人，他们的认知思维会迫使他们尽快作出决定，那么“非黑即白”就是一种最快捷的信息加工方式。

总有些人认为，只有小孩子才喜欢用“非黑即白”看待世界，这真是冤枉了他们。的确，小孩子往往爱憎分明，所以会对人作出“好和坏”的直观判断，但这不过是一种由情感引发的认知方式，同样也会出现在成年人身上，比如他们对喜欢的爱豆就是“哪儿都好”，对不喜欢的艺人就是“一生黑”。这还只是情感层面的，如果回到对事物的判断上，他们又会急切地想要得到一个结果，于是就出现了简单粗暴的“捧一踩一”。

在这个世界上，黑色和白色并不是唯一的颜色，它们也不是绝对对立的关系，而是会经常产生交集，于是就产生了灰色。灰色并不完全代表着对现实世界的妥协，而是反映了事物的“中性”。我们接触的大多数事物，其实都是两面性的，所谓的黑与白只是你看到的其中一面而已。

不过，非黑即白给人最大的影响不是认知层面的，而是社交层面的，这又折射出一个根本问题：情绪管理。

看看你身边那些直肠子的人，他们加工信息的方式就是非黑即白，对看上眼的人怎么都觉得好，对看不上的人怎么看都想抡拳头。虽然人们对这类人用“敢爱敢恨”或者“性情直率”来褒扬，可在现实中这类人并不怎么受欢迎，最多也只能在一个小圈子里有那么点人缘。所以，看起来这是认知能力的差异，其实还是情绪管理能力的区别。

人活于世，总避免不了和别人打交道，而每个人又是不完全相同的个体，他们身上总有我们喜欢的一面和不喜欢的一面，如果你只盯着让你讨厌的某个方面，那么你会很容易“恨屋及乌”讨厌整个人，相反，如果某个人和你三观相近，你可能会“爱屋及乌”，在“光环效应”的作用下，认为这个人从头到脚都是那么可爱，这样一来，你就在社交中人为地划分出了“敌”和“友”，从长远来看是相当有害的。

电视剧《天道》里有一句著名的台词：“忍是一条线，能是一条线，大家都在这两条线中间，如果你能做到忍人所不忍，能人所不能，那么你就在这两条线外面，你的生存空间就会比别人大，而外面这一部分就是灰度。”

这句话可以理解为人际交往的方法论，也是一个人情绪管理的总原则。那些走到哪里都受欢迎的人，往往就是这种擅长“灰度管理”的人。他们的确会因为某件事讨厌一个人，但他们也会看到这个人身上的亮点，只要这个亮点能为己所用，他们就不会走极端地与之深交或者绝交，而是保持在一个适度的距离和位置上。

说到这儿有人估计要反驳了：上面说的这种人算聪明人吧？那他们怎么没犯非黑即白的错误呢？其实，用“聪明”去定位这些人并不准确，他们其实是情商高的人。

情商高的人，不会执迷于“非黑即白”，不会过分偏执，更不会给自己不留余地，因为他们懂得控制自己的情绪。而那些情商低智商高的人，他们会快速地筛选人和事，不懂得调整情绪，于是就会作出草率的决定。

从深层次上讲，非黑即白反映的是一种绝对主义，最典型的就是“二元思维”。所以信奉绝对主义的人，在他们的世界里只有“这个和那个”，没有中间物，这是一种不健康的思维方式，虽然可以让我们在分析事物时节省时间和精力，但付出的代价就是失去对事物的深入了解。

在《临床心理科学》的一篇研究报告中，那些患有抑郁、焦虑和自杀意念的人，往往就是这种信奉绝对主义的人，这就导致他们很难和身边的人正常交往，更影响了他们对世界和人生的看法，所以容易走向极端。

如果你是一个绝对主义者，推荐你去看看电影《我不是药神》，看过之后，你很可能会忽然发现，这个世界的确不是非黑即白的，它存在灰色，其中包括了社会的灰色和人性的灰色。在现实生活中，我们只有承认并尊重这种灰色，才能赢得更多的主动权和生存空间。

从这个意义上看，一个人什么时候才能放弃用非黑即白去认识事物呢？答案是当他和自己、他人乃至世界和解之后。因为只有和解，才能懂得宽容，这个宽容包括对自己的重新认识，包括对他人的理解，更包括对这个世界中灰色的接纳。事实上，当你与上述这些和解程度越高的时候，你会发现这个世界不止有黑色、白色和灰色，还有其他更加绚丽的色彩。

世界太大，还有很多美好的东西没有看到；人生太短，没有那么多光阴挥霍在黑与白的是非上。保持平和之心，淡化绝对主义，这才能让你的人生灿烂起来，这不是鸡汤哲学，而是生存策略，因为你就在人群中，因为你要学会的是适应世界而不是改造世界。

2 沉没成本：你以为在痴心挽回，其实是分手前花钱太费

某个下雨的夜晚，你叫滴滴准备回家，当时系统提示预计排队需要15分钟，然而你等了40分钟还没叫到，就在这时你打算去赶最后一班地铁，然而你的脑子里马上迸发出一个声音："我已经苦苦等了40分钟，现在放弃是不是太可惜了？"

某个让你崩溃的早上，上司甩给你一堆根本无法完成的工作，你回想起试用期里的三个月都是类似的情景，想要换一个更能体现自己价值的公司，然而你的脑子里马上迸发出一个声音："眼看就要转正了，现在走人不是太可惜了吗？"

现实生活中，相信总有些人会经历上述两个场景，至少会有类似的纠结事件：我已经做完了一半，现在退出是不是太可惜了？

你所纠结的到底是什么呢？沉没成本。**沉没成本指的是那些已经**

发生且无法收回的支出，比如已经付出的金钱、时间、精力等都属于沉没成本。

20世纪60年代，英国和法国联合开发世界上第一架大型商业化的超音速客机“协和式飞机”。因为开发成本高昂，所以从本质上类似一场赌博，结果在研发时科研人员逐渐发现成本越来越高，甚至已经超出了预期，更可怕的是风险也随之升高，可如果中途放弃之前的投入也无法挽回，最后飞机还是研发出来了，可是因为不符合市场需求最终还是被淘汰了，英国和法国政府都蒙受了巨大损失，因为这个经典案例，沉没成本也被称为“协和效应”。

人们为什么会如此在意“沉没成本”呢？一方面，是人们看似“理性”的信息加工方式害了自己，而且这种行为往往发生在聪明人身上。因为聪明人十分在意“投入产出比”，他们知道无论是时间、金钱还是精力，大多数是去了就不再来的，特别是对资源有限的人而言，难以承担沉没成本带来的损失，所以宁可冒着大雨去等那辆不知道什么时候过来的滴滴，宁可待在那个能气炸你肺的公司里。当然，结局可能是永远等不到车和继续受公司的气，可即便如此，聪明人还是对美好的结局抱有希望，因为只有怀揣希望的人才能生活得更好。

除了理性的信息加工方式影响了我们的认知，情绪的波动也是不能忽视的潜在因素，甚至可以说是一个重要因素。正如我们经常在新闻中看到的：一对情侣分手，往往是付出比较多、投入感情比较深的那个不同意，一来二去因爱生恨，最后酿成人间惨剧。这真的和认知思维无关，还是情绪管理不到位。

人类是有着“损失厌恶”情结的，也就是损失一样东西和没有得到一样东西相比，前者带给人们的负面情绪会更加严重，特别是当我们在某件事上投入过多的时候，那么只要我们做出相关选择，这些投入就会干扰我们的思考，影响我们做出正确的决策。本来，这也是一种避免和减少损失的必要考虑，可现实却是我们会把大部分注意力都放在“沉没成本”上，导致我们的决策出现严重的倾斜乃至错误。

更糟糕的是，很多聪明人也知道过分在意沉没成本带来的危害，但是在他们看来，考虑沉没成本是经济学上的考量，这是不可被质疑的。然而“沉没成本”和成本经济学却存在着很大的差异，因为后者对成本的定义是“放弃了的最大代价”。但是我们仔细分析一下沉没成本，会发现它并不符合这个定义。

你因为排队时间太长，最后放弃去看这部电影，这个行为并不能确定为是最大的代价，因为这部电影可能就是一部烂片，你看了以后不但会浪费电影票钱，还会耽误一两个小时的时间，所以排队的时间是无法界定为“最大代价”的，因此从本质上看，沉没成本不应该影响我们对现在和未来的决策。

说到底，还是我们在情绪上产生了“不舍”之后，才会主观地判定我们在前期损失了高额的成本，这时候不再是大脑在指挥我们，而是情绪在操控我们，让我们越想越不甘心，以至于全然没有考虑果断放弃其实会减少更多的成本损失。

在赌场中对钱有一个非常形象的比喻，就是会把那些已经输掉的筹码叫做“死钱”（Dead Money）。为什么会用这个称呼呢？意思是说你输掉的钱从本质上看已经和你没有半毛钱关系了，所以这个时候你只要潇洒决绝地离开赌场，就不会惋惜那些不再属于你的钱，然而很多人却不愿意离开，不惜一切代价地想把那些死钱赢回来，最后往往会输掉更多的钱。那么从这个角度看，那些无法挽回的人，其实也是“死人”，因为当他们不打算停留在我们的世界时，他对我们就没有存在的意义了，既然如此，何不潇洒地放手呢？

为什么沉没成本会让人迷乱心智？因为它会产生一种连带的心理机制——自我辩解。

自我辩解是一种防御机制，是指当一个人出现认知失调也就是行为和思想存在矛盾时，这个人会寻找各种理由为自己辩护，或者干脆否认所有负面的评价和结果。国外有心理学家研究过，如果人们参与到一个为期五年的负回报投资时，人们就会投入更多的预算为破产的公司进行抗辩，特别是当这项投资是由他们自己决定的时候。同理，有些情侣在热恋中看不到对方的缺点，即使那个人不务正业、不思进取，也会为对方辩护，这就是因为情绪管理不到位，引发了对沉没成本的恐惧，最终影响了判断。

既然沉没成本可能把我们推向不能自拔的深渊中，那么我们如何去规避这种心理效应呢？

第一，在投入成本前理性分析。

社会心理学家罗伯特·西奥迪尼认为：赛马的人只要下注在某一

匹马身上，他们就会认定这匹马的获胜率会增加，这就是我们在潜意识里的“自嗨”，所以在下注之前，我们就应该考虑清楚其中隐藏的风险，因为这个时候还没有投入成本，我们的脑子还能保持相对的清醒，千万不要抱着“先下注看看”的心理，否则我们就真的走不出来了。

第二，掌握学会放弃的情绪管理能力。

一旦我们不可避免地投入了成本，那就得用“断舍离”的思维沉淀心中的杂质，治愈我们混乱的、浮躁的心态，这需要我们在平时就养成学会放弃和接受放弃的思维习惯和良好心态，对此你可以不断暗示自己：如果你想证明自己内心足够强大，那就从放弃该放弃的某件事、某个人做起，否则你不配“强大”二字。

第三，学会止损。

在炒股圈里流行一句话，叫做“赚大钱不容易，少亏钱却不难”。这句话就是在描述止损的重要性，也是判断一个人能否以理性的心态在股市中生存下来的标准之一。为什么炒股用“割肉”来形容止损，就是说明了这种行为需要决心和勇气，虽然切割是痛苦的，但只要踏出了这一步，我们才会把损失降到最低，否则可能会倾家荡产，这其实就是“长痛不如短痛”的现实应用。当然，这需要我们首先从情绪上作出积极的调整。

人生苦短，希望我们将有限的生命都用在有意义的人和事上，不要觉得你是一个成本计算高手，因为人生的价值并不是随意可以计算的，患得患失只能让我们远离生命最美丽的风景。面对沉没的成本，不妨潇洒地说一声再见。

3 破窗效应：本来就“人艰不拆”，你这破罐子却摔得更响了

如果有人问你：你是不是一个爱护公共环境的人？你可能会思考一下，因为你很可能经历过两种不同的场景：场景一，你拿着一堆垃圾在一条干净的大街上走着，周围清洁的环境让你不忍心把垃圾随手丢掉，直到找到垃圾桶；场景二，你拿着同样分量的垃圾穿梭在一条脏乱差到极致的小胡同里，你想也没想就捏着鼻子把手中的垃圾丢掉，然后逃之夭夭。

在回忆了两个截然不同的场景之后，你开始怀疑自我：我到底是不是一个爱护公共环境的人呢？

其实，不只是公共环境，很多事情都可能在不同的环境和状态中产生不同的结果：在一个稀里糊涂的老板手下工作，你可能会不断地放纵自己的错误，最终把客户赶到竞争对手那里；在一个要求严格的

老板手下工作，你可能会不断纠正自己的错误，最终成为客户眼中最可爱的人。

这不是什么人格分裂，这是“破窗效应”。

20世纪60年代，美国斯坦福大学的心理学家菲利普·津巴多进行了一项实验，他找来两辆完全一样的汽车，其中一辆停在加州帕洛阿尔托的中产阶级社区，另外一辆摘掉车牌、打开棚顶的汽车停在了比较杂乱的纽约布朗克斯区，结果怎么样呢？停在布朗克斯的那辆车当天就被人偷走了，而停放在帕洛阿尔托的那辆车一个星期过去了也毫发未伤。如果你以为这是一个验证“素质和经济地位成正比”的实验那就错了。后来，津巴多把那辆停在中产阶级社区的汽车的玻璃砸了个大洞，不过几个小时就被偷走了。

通过这项实验，政治学家威尔逊和犯罪学家凯琳联合提出了一个“破窗效应”理论，**这个理论认为，当一幢建筑物的玻璃被打碎又得不到及时维修的时候，人们就会受到可以打坏更多窗户的暗示，时间一长就会给人一种无秩序的感觉，而在这种氛围中犯罪就会滋生。**

破窗效应并不是只针对犯罪心理，它广泛作用于人类生活的方方面面，如上述所说的公共环境、工作状态等，用一句中国的俗语概括就是“破罐子破摔”。

别以为“破罐子破摔”是衰人才能做出来的，其实聪明人更容易走向这种偏误，这可不是在说聪明人更没有素质，而是聪明人习惯通过观察环境、同类行为去获得一个结论，比如当大家在野外发现了一块“无主”的苹果园，有一个人大胆地摘了一个，接着会有更多的人跟着摘取，这时在一旁观察的聪明人会马上得出三点结论：第一，大家对摘果子的行为是接受的，我去摘不会被骂；第二，既然大家都去摘果子，如果我不动手，会显得我不合群甚至会被认为是一种默默的抵制，我必须要摘；第三，大家摘了果子都没有受到惩罚，那么我不摘就会无形中受到损失。

平心而论，聪明人的这段逻辑分析没什么漏洞，所以他们在不知不觉中就“上了贼船”，因为此时他们看到的不是一个疑似无主的苹果园，而是掠夺苹果园的群体行为。

破窗效应会让人走向堕落，这并不是最可怕的，最可怕的是会让人将这种堕落合理化，如果任由这种思维方式发展而不加控制，我们在生活中就会遇到越来越多的“破窗”，只要有人在我们之前演示过了，我们就会放心大胆地做效仿者，长此以往，我们就失去了明辨是非的能力，更会失去认识自我的能力。

从这个角度分析，破窗效应不单单反应了一种错误的思维方式，更证明了情商的相对低下。在情商的定义中，包含了“自我觉知”这一重要组成部分，它是指人们对自我的认知和反省能力。当我们发现身边的人在干坏事，于是与之同流合污而忘记初心，这就是自我觉知不够，在群体中迷失了自我。

避免被破窗效应侵害，我们要从两个方向下手。

一个方向是，我们坚决不能做第一个打破窗户的人。

这世界充满了诱惑，而人类又天然好奇心爆棚，还时刻保持着侥幸心理，这些都是诱发破窗效应的因素。所以我们必须拥有自己的原则，不能为了贪图便宜就践踏自己的底线，要时刻“觉知”自己，多问问“你真的要这么干吗”，在面对这个问题时我们才会审视内心，避免给他人充当反面典型。与此同时，我们还要加强自律，做情绪的主人，不要给自己的懒惰、失误、怠慢、极端寻找借口，当发现自己犯了一个小错之后，一定要进行自我检讨，避免让小错酿成大错，千万不能无底线地宽容自己，不要第二次打破窗户。

另一个方向是，我们尽量做修复窗户的人。

当我们发现了有窗户被打破之后，不要觉得自己不继续扔石头就是好样的，而是要想方设法把这扇窗户修复好，因为这不仅关乎我们是否有一颗公德心，也关乎我们的现实利益。打个比方，公司里有人借着财务制度的漏洞中饱私囊，你发现了没有管，于是有更多的人借着这个漏洞侵占公司的财产，你却一直当呆萌的吃瓜群众，最后公司垮了，你成为无业游民，此时才开始后悔为什么不修复那扇窗户，是不是有点太晚了呢?

可能有的人认为，自己只是个普通人，有些事不是不想管而是管不了，这也算破窗的帮凶吗？当然，所谓修复是在你的能力范围之内，只要你尝试了并且没有继续破窗，那责任就不在你。因为从本质上讲，避免破窗效应的发生依靠的不是个人，而是整个社会或者具体到某个团体，最直接的体现就是制度。

建立和完善制度，就是把“窗户玻璃”做得更厚了，它仍然可能会被打破，但被打破的概率会降低很多，而且会因为打破它太难而让更多的人自觉遵守制度。不要认为你不是制度的制定者就和你无关了，其实每个人都有制定制度的权利。

在家庭内部，你对孩子可以定规矩，有了规矩，孩子就会减少犯错的主动性，闯祸之后也会受到相应的惩罚，那么下一次犯同样错误的概率就减少了，这都是因为你“加厚了窗户玻璃”。同样，在朋友圈子里，你也可以和大家共同定规矩，避免发生互相伤害感情的事。

其实所谓的“制度”，就是自我知觉的外化延伸，它给我们狂野的内心设置了一道屏障，让我们时刻保持警惕，不要被外界的混乱迷惑了内心，让我们的情绪尽可能地保持在平稳的状态中。

每一扇被打破的窗户，都会有一双双推波助澜的手和一双双冷漠旁观的眼睛。我们不要伸出自己的手，更不要干瞪着眼睛任凭窗户变得更烂，因为雪崩时，没有一片雪花是无辜的。

4 乱赋因果：写字不好看，年终奖就比别人少一半？

鲁迅先生说过一句话："你说甲生疮。甲是中国人，你就是说中国人生疮了。既然中国人生疮，你是中国人，就是你也生疮了。"也许你听得不是太明白，但在生活中很可能听过类似的话："哇，这个人对狗狗这么好，一定是个孝顺的人！""看他用的那个手机就知道没什么钱！""今天老板过生日，有可能会早下班！"

也许你因为面子附和过上面这些话，也许你因为一时大脑短路赞同过这些话，但是当你真正冷静下来想想，这些话说得丝毫没有道理：对宠物好的人就一定孝顺吗？用便宜手机的人就是没钱？老板过生日就要减少员工的工作时间？

这种**忽视了"不相干性"而强行推导出因果关系的现象，叫做"乱赋因果"**。

在电影领域有个名词叫做“蒙太奇”，指的是将两个互不关联的镜头剪辑到一起，然后借助观众的想象力生成上下文的关系。打个比方，有一个女人张开嘴大叫的镜头，我们称之为A镜头，还有一个男人推门而入的镜头叫B镜头，如果按照B－A的顺序排列，就会让人想到这个男人可能闯进了女厕所或者女试衣间。相反，如果按照A－B的顺序排列，就会让人想到女人看到了什么恐怖的事情之后惊动了男人，男人过来救她。你看，只是通过顺序的简单调换，就会产生完全不同的镜头故事，甚至同一个人的好坏之别也截然相反。

我们之所以举出蒙太奇这个例子，是因为在现实生活中，人们会用比蒙太奇还要夸张的方式去乱赋因果，总是能通过丰富的想象力脑补出各种子虚乌有的剧情，结果就是把本来毫无关联的事物强行绑定在一起且深信不疑。

也许你满不在乎，认为这不过是脑子有坑的人才干的事，然而事情并没有这么简单，很多时候越是聪明的人越喜欢乱赋因果。为什么呢？

第一，聪明人想象力丰富，只要见到一点线索就会生成一大推的推论，这是他们天马行空的想象力实在控制不住了；第二，聪明人总是认为事物之间是普遍联系的，这个观点本身没错，可他们无穷放大了这种联系，所以才把牛唇和马嘴联系到了一起；第三，聪明人接收的信息很多，让他们总能在看似两个没关系的事物中找出被人忽视的共同点，然后就有了一个新的因果关系。

当聪明人习惯了乱赋因果之后，就会在工作和生活中制造出很多麻烦，让本来毫无关联的人和事莫名其妙产生了瓜葛，然后误导了更多的人。

2012年，《新英格兰医学》杂志上发表了一篇论文，声称吃巧克力能够增强认知功能。而支持这个结论的基础竟然是“一个国家消费巧克力的数量和这个国家获诺贝尔奖的人数高度相关”。然而这个观点遭到了很多学者的批判，因为大家都清楚地看到，一个变量（如巧克力消费量）和另一个变量（如诺贝尔奖获得者数量）所对应的数值增加，只能得出一个宏观上的关联，一旦具体到某个人，那么这个关联就是无效的，等于用群体层面的数据去推导个体层面的结论：吃巧克力会变聪明！这样算起来，如果一个人从来不吃巧克力（没有贡献数据），而是在看了这篇报道之后突然开吃巧克力（临时加入），这种关联就是完全动态的，根本没有必然性。

即使你没有工夫认真分析，也会对巧克力和诺贝尔奖的强行关联感到怀疑，但是很多人依然会转载或者传播，因为他们从潜意识里希望获得成功的最快捷径，巧克力就在其中。

这就是聪明人最喜欢的自欺欺人，但是这种自欺欺人多少带一点励志色彩，能够在一个人迷茫困惑时振奋人心，所以聪明人往往躲不开乱赋因果的思维陷阱。

从本质上看，乱赋因果是一种人性的弱点，因为人类都有着很强的控制欲，喜欢给一切事物赋予因果关系，这是为了更好地认识和改造世界，所以可以理解为群体性的自欺欺人。在蒙昧无知的远古时代，人们把天气和福祸联系到一起，这就是原始的乱赋因果。然而随着科学的进步，这种乱赋因果并没有被消除，人们还是会用超自然去解释某些未知的事情，而越是喜欢思考的聪明人，越容易钻进这条死胡同中走不出来。如果到这一步就停止也就算了，然而聪明人为了让更多的人支持自己，为了不让自己的观点变得非主流，会不断游说其他人接受自己的观点，结果越说越形成强烈的心理暗示，不仅自己强化了认识，还给别人洗了脑。

人性的弱点大多数是和情绪管理有关，当我们心浮气躁时，就会急切地总结出一个结论；当我们心生嫉妒时，就会盲目地给别人扣上一顶帽子；当我们放纵自我时，就会自大地推导出一个观点对他人颐指气使。

著名科幻作家刘慈欣在《三体》中写了一个叫“农场主假说”的寓言，说的是一个农场里有一群火鸡，农场主每天11点会过来喂食，持续一年之后，火鸡中的一位科学家得出结论：“每天上午十一点，就有食物降临。”这个定律得到了其他火鸡的认可，然而就在下午，所有的火鸡都被农场主杀了，因为这一天是感恩节。

如果火鸡科学家没有被乱赋因果误导，而是多观察农场主在感恩节前的异常举动，说不定能带领大家逃出农场免遭厄运，这就是胡乱总结因果关系的下场。不过，从更深的角度看，这只火鸡科学家还是败在了情绪管理上，它所总结出的这个定律，并非是为了科学，也不是为了造福鸡类，而是为了“怒刷”存在感，是为了让更多的火鸡认识到它的核心价值，说到底还是被“鸡际关系”绑架了脑子。

避开乱赋因果其实并不难，我们需要两样东西：清醒的头脑和沉着的耐心。

清醒的头脑，就是能够透过现象分析本质，正如那个火鸡科学家，它如果能好好研究农场主为什么要喂胖大家，就不会简单地得出“食物降临”这样毫无营养的结论，而会有机会发现更可怕的真相，这是从理性层面的觉醒。

沉着的耐心，就是保持平常心，不要急于下结论。当我们以貌取人时，我们在内心深处是认同的吗？未必，只是我们在情绪上比较急躁甚至是先入为主产生了“好感”或者“恶感”，导致我们没有那么多精力和耐心去好好了解一个人，所以就主观地给出了一个粗暴的结论，其结果就是距离真相越来越远，这就需要我们从情绪管理的层面觉醒。

这个世界上，因果关系的确是普遍存在的，这是一种哲学性的结论，但它不是万能模板，它需要我们沉下心去了解世界，给它们展示自己的机会，这就是一种无声的沟通。同样，对待需要我们了解的人，有声的沟通更加重要，只有抱着这种态度去工作和生活，才能发现撼动人心的真实。

5 野马效应：为了追杀咬你的蚊子，你就拿锤子拆家？

人要倒霉，喝口凉水都塞牙。

这句老祖宗发明的话还真是一针见血，因为我们每个人都可能遇到这种倒霉密集度最高的不快乐时光。

某天早上，你迷迷糊糊地起床，膝盖磕到了床头柜上。你顾不得疼痛出门上班，结果因为捂着膝盖走路不稳踩到了旺财遗留的米田共上，让你羞愤难当。好不容易到了公司之后，你瘸腿的样子被同事询问，你却以为是在拿你开涮，于是恶语相向，弄得同事一脸无措。这时客户打来电话问你昨天交的方案为什么没用方正四号字体，你将积攒的怒气再次释放到客户身上。没过一会儿老板过来责问你，你捂着膝盖大声喊着："我膝盖都疼死了还来气我？不干了！"于是潇洒漂亮地炒掉了老板。当你抱着纸箱子回家以后，你才发现膝盖早就不疼了，但是工作没了。

一件小事，也许会让你窝火，也许会让你郁闷，但它之所以还叫做小事，就证明并没有真的影响到你什么，可是你却活生生把这件小事变成了要命的大事，这种匪夷所思却又真实存在的心理现象就是野马效应。

在非洲的草原上生活着一种吸血蝙蝠，它们经常叮在野马的腿上吸血，吸附能力很强，所以不论野马如何暴怒或者狂奔，都无法将吸血蝙蝠从身上赶走，只能等到它们饱餐一顿之后离开，而就在这个过程中，一部分野马竟然会被活活折磨而死。

事实上，蝙蝠从野马身上吸走的血量并不多，远远不到让野马失血而死的程度，但野马在暴怒和狂奔时会加剧血液循环，损失更多的血液，最终为此而亡，这就是著名的野马效应。

蝙蝠对野马来说，不过是一种无关紧要的外界挑战，就像膝盖的轻微疼痛对于一个上班族一样，它们不过是我们每天都可能承受的某种外因，然而**我们却因为这种外因产生了激烈的情绪反应，继而酿成更严重的后果。从这个角度看，野马效应直接反映的是情绪管理能力。**

人在生活中难免遇到不顺心的事，如果不能用宽容平和的心态去面对，很容易走向情绪化，而情绪化会引发各种不理智的行为，这些行为就会造成很严重的后果。然而，有些人还是会不加控制，而他们往往就是人们所说的聪明人。

聪明人喜欢发怒？对，你没听错，这真的是聪明人所为。

最近几年，网络上十分流行一种观点，那就是人有表达情绪的权利和自由，根据这个主观点又衍生出若干个附加观点，像什么“真性情才有人喜欢”“隐忍情绪会让自己遭受更不公正的待遇”“别当老实人”等，有些文章比较客观，但是人们断章取义了，有些文章是直接写跑偏了，把无条件不分场合地释放情绪当成了一种时尚。

事实上，适度地表达情绪并不能说是一种情绪管理失败，聪明人也正是看中了这点，才逐渐不认同老祖宗提倡的“忍让为高”，这也算是一种生存策略的进步。不过，万事都有度，如果一个人只是为了释放情绪而发飙，那么后果往往是不可控的，会违背你那曾经美好的预期。

然而这并不是最糟糕的。

野马为什么会暴怒狂奔？仅仅是因为蝙蝠吸血吗？这不过是一个表面现象，从深层次的角度看，野马认为蝙蝠吸血会严重伤害自己，所以必须把它们尽快赶走，这种心态放在人身上就是“被迫害妄想症”。巧合的是，不光野马存在这种心态，很多聪明人也会产生这种认知，因为他们对环境、身边人和某些事产生了过度的解读，继而变得敏感。

古代的阿拉伯学者阿维森纳做过一项实验，他把一胎所生的两只小羊羔，放到两个截然不同的环境中养。小羊羔A跟随羊群在水草丰美的地方快乐地生活着，小羊羔B附近拴了一只狼，虽然这只狼无法伤害到它，然而这只小羊羔总能感觉到来自狼的威胁，于是整日生活在极度惊恐的状态中，吃不香睡不着，最后因为恐惧而死。

相信很多人都希望自己成为小羊羔A，也相信有很多人同情那只小羊羔B。然而讽刺的是，小羊羔B并不是个例，只是在现实生活中，很多人旁边虽然没有拴着可以看到的狼，却在心里假设出一头拴着的狼，这头狼可能是迟迟没有到来的“世界末日”，可能是某个被假想出来的“办公室敌人”，也可能是臆想出来的“情敌”……正是这些假想的存在，让人们一旦感受到风吹草动就会觉得那头狼要出动了，结果产生了一系列过激的行为，最终酿成苦果。

事实上，野马效应不仅和恐惧有关，也和嫉妒有关。曾经有医学心理学家用狗做了一项嫉妒情绪实验，他们将一只饥饿的狗关在一个铁笼子中，然后在铁笼子外放上一只狗，让这只狗对着笼子里的狗大口大口地啃着骨头，结果笼子里的狗越来越急躁、气愤和嫉妒，产生了种种负面情绪，最后竟然患上了神经症性的病态反应。

恐惧、愤怒、嫉妒……这些负面情绪都会让我们在原本并无危险的状态中变得敏感、脆弱和神经质，导致我们认定“自己是被迫害的”，所以看谁都像坏人，由此产生的焦虑会把这些负面情绪推到最高点，最终让我们的行为彻底失控，从而承受一个我们不愿意接受的结局。

我们不要成为小羊羔B，也不要成为笼子里的狗，而要避免这一切发生，唯有学会情绪管理才是破解之道。当你为一件事或者一个人感到愤怒、恐惧或者嫉妒时，先不要随意释放情绪，而是深呼吸一口气，然后思考两个问题。

第一个问题：这件事/这个人是否值得生气？

其实大多数人和事真的不值得动怒，因为它们并不会真的干预到我们的生活。你在路上被陌生人骂，这只能证明对方素质低，骂人就是人家的基本沟通方式，何必为此生气呢？如果生气，岂不是瞧不起人家的这种“原生态”吗？

第二个问题：这件事/这个人其实可以理解。

你认识的人惹恼了你或者让你妒忌，你可以多想想这个人的好处，也许对方是一时口误，也许是一时得意忘形，就当对方是一百多斤的孩子随他去吧。同样，一件小事的发生，大概率是偶然的，你何必为这个偶然的事破坏一天的好情绪呢？

在思考了这两个问题以后，相信你遇到的大多数人和事都能被化解。实在化解不了的，你可以换一种方式去排遣，比如找个没人的地方大骂几句，再比如打两把《王者荣耀》，总之有一万种办法让你转移注意力，毕竟你的好心情才是最宝贵的。

6 啤酒效应：

高情商不用逻辑？“清明节快乐”是谁说的？

人和人之间的沟通会有多大障碍？有时候近在咫尺，有时候却远隔天涯。

曾经有网友分享过亲身经历的一件事。早上坐电梯下楼，当电梯从12楼下来停在5楼时，一个奶奶带着孙子从电梯里走出来，网友马上提醒着“这是5楼，这是5楼……”结果那个奶奶就是不抬头看，领着孩子直接走了出去，而孩子也在叫着“走错啦！走错啦！”

人类的信息传递是存在偏差的，哪怕是面对面的口口相传，有时候也会被忽视、阻碍甚至是误解。怪不得现在人们都吐槽“知音难遇”，的确，像俞伯牙钟子期那种心照不宣的精神好友，已经越来越少见了，更不要说心有灵犀的神仙情侣了，他们大多数只存在于影视剧和小说之中。

当然，不能达到心有灵犀一点通的程度，倒也不是很严重的问题，大不了生活中少了几分浪漫而已。可有的时候，没有灵犀带来的却是一方的雷霆震怒，小则引发误会，大则制造冲突。

前几年在网上兴起过讨伐“清明节快乐”的浪潮，原因很简单，真的有一些无心之人，在清明节这天逢人就“祝快乐”，搞得对方哭笑不得，更有甚者直接踩中了别人的雷区。有一位网友刚刚失去了亲人，结果被某损友来了一句“清明节快乐”，弄得发火也不是，微笑也不是，最后不欢而散。

为什么有的人会用“清明节快乐”去祝福别人呢？应该说心怀恶意的基本没有，问题还是出在情商上，是他们没有正确识别他人的情绪，没有意识到这句话对那些失去亲人的人有多么残忍。

说到这里，不得不提一个名词——啤酒效应。

美国麻省理工学院的斯特曼教授，曾经做过一个著名的实验，叫做“啤酒销售流通实验”。在实验中，斯特曼教授假定一件成品必须经过七个流程也就是需要七层上游厂商才能完成。如果第一个月客户向公司下了100件订单，那么为了防止缺货，公司就会向上游厂家要求提供105件，而该公司的上游厂商同样出于保险起见再要求自家的上游提供110件……以此类推，第七层厂商可能要提供的数量超过200件。那么这七家合作的时间越长，最后一层厂商的损失就会越惨重。

斯特曼教授通过这个实验证明了一个问题：**供应链中的不对称信**

息很可能歪曲内部的需求信息，而这个实验所表现出的影响就被称为“啤酒效应”。

“啤酒效应”正是“清明节快乐”的症结所在。

对别人说“清明节快乐”的人，肯定身边没有人在最近去世，也没有挚爱的人在当天扫墓，所以他们是缺乏同理心地把这句话说给了别人。如果对方和他一样，那就会二次传播这句话，两个人谁也意识不到其中的伤害性，即便撞到了反感这句话的人，对方碍于面子也不会破口大骂，最多保持沉默，于是这些“正向反馈”和“不反馈”就形成了一种信息不对称：说“清明节快乐”不会让人不快乐。那么，当这句话被传播得范围更大时，反感的人终于发声了：请不要再说这句脑残的话！直到这一刻，人们才意识到原来很多人并不喜欢。

那么，说“清明节快乐”的人，到底是无脑还是无心呢？说起来你也许不信，这些人基本上都是聪明人。

为什么聪明人会讲这句话？原因很简单，聪明人懂得在群体中寻找大家都能接受的话题、资讯以及表达风格，所以他们会和年轻人说网络用语，会和知识分子大谈文史哲，会和美女聊聊时尚，这种沟通技巧确定了他们在社交中会占据被人关注、被人喜欢的地位，时间一长，只要没有出现强烈的负面反馈，他们就会强化这种社交思维方式。然而他们忽略了一个问题，那就是像“清明节快乐”这种奇葩的祝福方式，反感的人不会直接骂人，因为他们也知道你是出于善意，但他们也不会欣然接受，因为这句话本身就有毛病，于是只能用沉默来回应。

现在问题来了，当被祝福的对象用沉默反馈时，聪明人会怎么做呢？这一次考验的是情商的逻辑性。

我们知道，情商包含着情绪识别这个重要组成部分，就是根据对方的情绪反馈判断我们的一言一行是否招人讨厌。这其中有经验性的，比如“我去洗澡”代表对方不愿意搭理你，也有普适性的，比如开怀大笑代表对方确实开心。普适性的比较容易判断，经验性就需要长期的积累，就像很多被女神当成备胎的男人道破了“我去洗澡”背后的残酷真相，而这个过程就是打破信息不对称的过程。

然而，因为“清明节快乐”的特殊性，反感的一方使用了沉默反馈，这就让祝福的一方失去了判断的依据，他们会认为这句话没有什么问题，于是就一路快乐地传播下去，直到上网一看，才发现原来自己在别人眼中是那么的讨厌。

情商和智商并不是完全隔离的，情商也需要有清晰的逻辑基础，因为信息不对称造成的错误经验，就会让你在识别他人的情绪时作出误判，最终损害人际关系，这就是人际交往中的啤酒效应。那么，我们如何克服这种认知偏差呢？

一方面，我们要收集正确的信息。

在你说出“清明节快乐”以后，不能因为对方不作反馈就默认为没问题，也不应该因为对方高兴地回了“同喜”就觉得当了一回最可爱的人，你要做的是把这些反馈收集起来，然后思考一下为什么大家的反应不同，只要你多琢磨多比较，就有大概率发现这是因为每个人的经历不同造成的，进而发现这句祝福语可笑的逻辑。

另一方面，我们要学会筛选信息。

人的记忆是有选择性的，所以有时候我们强化了某个认知并不代表它本身的正确性，只是我们印象深刻而已。一个从不在清明节参加拜祭的人，被祝福后当然只是傻傻一笑，然后和你愉快地聊起天来，这种正面的情绪反馈自然会加深你的印象，从而忽视了对这句话不爽的人是怎么冷眼看你的。那么，我们要想筛选出准确的信息，就要先恢复冷静，将事实客观地罗列出来，得出一个最接近真相的答案，而不是我们认可的答案。

情商和人的性格有很大关联，而人的性格又和成长经历有关，所以一些人在面对情商的自我评价时，要么自吹自擂——“哥就是懂人心，天生高情商”，要么自怨自艾——“我就是看不透人，情商太低”。其实，情商和智商最大的一点不同是，情商可以通过后天学习持续加强，虽然这个加强的力度有限，但只要你愿意拿出一部分精力去完善情商的逻辑，就能慢慢掌握与人交往的秘诀所在。

CHAPTER 06

第六章

你以为通讯录有几千人，人缘就很好？

1 刺猬效应：

走太近就是关系铁？留神你牙缝里的韭菜

“是兄弟就干一个。”

在酒桌上，我们经常能听到这句话，与之相配的画面就是几个喝得面红耳赤的大汉，举着酒杯劝酒，这时候谁要是不喝就真的验证了“不干就不是兄弟”这个有点残酷的结论。抛开酒桌文化不谈，这种拼了命劝酒的行为，折射了人们想要拉近彼此关系的想法。

这个想法真的是美好的吗？

现实生活中还有很多比喝酒还过分的“感情绑架”：“是朋友就跟我一起逃课”“是闺蜜就和我一起把男友踹了”“是同事就跟我一起把老板炒了”……层出不穷的各种绑架，无外乎都是想要通过某种行为无限度地和别人走近，以此来证明彼此的关系足够铁。然而，上述这些行为还不是最可怕的，最可怕的是两个人完全不分你我地绑定在一起。比如，有的人不分时间场合地与朋友联系，哪怕对方已经睡觉或者正在工作也毫不避讳，从精神上把自己强行植入到别人的生活里。更有甚者，会直接搬到朋友家里住，全然不顾对方已经成家，因为在他们看来，只有这样走得足够近才证明关系足够铁。

做这种事的人，恐怕不知道什么是“刺猬效应”。

“刺猬效应”指的是指刺猬在天冷时彼此靠拢取暖，不过需要保持一定距离，从而避免互相伤害。这个形象的比喻源自德国哲学大咖叔本华的著作，强调的是人际交往中的“心理距离效应”。

刺猬效应这个理论能够应用到多个领域。在管理学中，刺猬效应提醒领导者必须和下属保持“亲密有间”的关系，即不能距离下属太远，又不能和下属走得太近，这样才能在保持和谐上下级关系的同时不失威严。同样在教育学中也有相似的认识：只有当老师和学生保持在不远不近的距离时，才能让教育效果达到最佳。

三毛说过一句发人深省的话：“朋友之间再亲密，分寸不可差失，自以为熟，结果反生隔离。”其实，三毛所说的这种人，往往真的还是聪明人。

聪明人懂得利用资源，朋友对他们来说不仅有着社会价值，也有着情绪价值，可以在心情不好的时候哭诉，也可以在生活不顺的时候求助，表面上看起来这很自私，其实这也符合人际交往法则中的“富兰克林效应”：即向对方求助会增加对自己的好感。但问题在于，聪明人并没有把握住这个求助的尺度，甚至把求助当成了检验和对方关系的试金石，这就违背了人际交往的某些禁忌。

和谐的互动是维持一段关系的外界条件，有的人不懂得这个道理，认为只有大事才需要求助朋友，结果一辈子遇到的都是鸡毛蒜皮的小事，也就从未麻烦过朋友，看起来相安无事，却少了很多朝夕相处、深入沟通的机会，关系反而不温不火。但是聪明人就不一样了，他们巧妙地制造一些小事和朋友保持频繁的联系：一起吃饭、一起逛街、一起上厕所……只可惜时间一长养成了习惯，就在不知不觉中破坏了“社交距离”。

亲兄弟都要明算账，朋友之间更不可能是零距离全天候的接触，人为制造小事保持关系，这个初衷是好的，可如果走得太近就会让原本快乐的友谊变得沉重，让原本简单的关系变得复杂。

法国总统戴高乐有一个座右铭：“保持一定的距离！”虽然看起来是一句简单的话，却深深地影响了戴高乐和他身边的智囊、顾问等人的关系。在戴高乐十多年的总统生涯中，他的秘书处、办公厅和私人参谋部里的工作人员，很少有工作年限超过两年的，他之所以这样做，一是因为人员应该是保持流动的，长期在一个固定岗位工作对于一个人的发展是不利的，二是因为他不想和这些人保持密切的联系以至于最后离不开他们，他认为的理想关系是时刻充满着新鲜感和朝气，同时也能避免身边人和他混熟了以后利用他的名声去干营私舞弊的事情。

戴高乐的这一原则，可是结结实实打了某些聪明人的脸，他们总是认为和一个人关系发展到极致时，就能最大化地利用这种关系，却忘记了这本来就是一把双刃剑：你可以利用他人，他人也可以利用你。

即便不从功利的角度分析，单纯的社交关系也十分忌讳无限接近。相信很多人都有这样的体会：一个原本你很欣赏或者喜欢的人，在保持距离之前对方就是完美的人设，可一旦近距离接触一段时间以后，对方身上潜藏的缺点就会暴露出来，让你改变了原有的认知和情愫，甚至可能走向截然相反的结果——极度地讨厌对方。

保持适当的距离，才能让彼此互相取暖又不伤害对方。当然，这个距离不仅仅是物理距离、心理距离，也包括了时间距离。两个人天天见面，总要或多或少地占用对方的时间，而且频繁的交往也没有太多的新信息可以分享，难免会变成尴尬的无话可谈，反而会降低彼此的好感度。

如果彼此不是熟人而是陌生人的关系，那么保持距离就更加重要。心理学家曾经做过一项实验，一共测试了80个人，实验内容是在一个仅有两位读者的空间里，彼此距离很近，而实验的结果竟然出奇的一致：没有谁能够忍受一个陌生人距离自己太近。

懂得刺猬效应，就是参悟人际关系中最敏感也是最核心的要义——如何长期地与他人保持健康的关系，而距离感就是关键词。

只有保持距离，才能尊重彼此的隐私。隐私未必是某件丑事的遮羞布，它不过是一个人只属于自己的私密空间，即便是父母和子女之间、夫妻之间也需要一定的隐私，更不要说朋友之间了，只有大家的隐私受到保护，才能愉快地玩耍下去。

只有保持距离，才能真正容纳对方。不论交情多么深厚的朋友，也不可能在每一方面都达成共识，对方身上总有你看不惯的东西，只要把距离拉开了，就能和对方减少矛盾和冲突，给彼此圈定出一个自由的空间，而在这个空间之外依然是好朋友。

保持距离，不是让感情疏远，而是对一段关系的最强保护。那些曾经无话不谈、穿一条裤子的朋友，能够走到最后的少之又少，因为他们的亲密无间是以透支未来友情为代价的，不能掌握分寸就是扼住了关系的喉咙，让它无法喘息直至消亡。不仅是友情，爱情也是如此，保持距离可以制造神秘感，减缓激情的衰退期，同时还能够产生一种“距离美”，给予彼此更丰富的想象，让爱情变得新鲜美艳。

我们渴望长久而稳定的关系，但我们更需要细水长流，不要自作聪明地强行拉近关系，也不要自作多情地认为对方时时刻刻都需要你，毕竟你们终究有自己的世界和人生，保持距离，才是对这段关系最长情的告白。

2 仰八脚效应：完美人设很棒？那美女为何跟丑妹站一起？

有一句话叫做："世上每个人都是被上帝咬过一口的苹果，都是有缺陷的，有的人缺陷比较大，是因为上帝特别喜欢他的芬芳。"听起来似乎有些鸡汤味，但其实这句话很好地诠释了一个关于人的真相：人人都有缺点，正视自己的缺点比盲目地遮掩更重要。

曾经被称为"洪荒少女"的傅园慧，为什么一夜之间火遍互联网，收获无数的粉丝呢？单看比赛成绩，她并不是最出类拔萃的那个，而她真正吸引人的地方就在于她的真性情，这和那些喜欢一本正经包装自己的人形成了鲜明对比，这就是仰八脚效应产生的效果。

仰八脚效应又叫出丑效应，它指的是通常情况下，比起能力处于平均水平线上或者更低的人，我们似乎更青睐那些拥有卓越才能但又存在一些小缺点的人。也就是说一个人要有过人之处，但也会偶尔犯一点小错，而这些错误不仅不会影响到他们的优点，反而会让人觉得展现出了可爱和平凡的一面，所以更容易获得人们的好感。

仰八脚效应是通过实验总结出来的。当时心理学家安排三位演讲者进行演讲：第一个上场的人举止大方，语言流畅，十分具有感召力，可以说是一个完美的演讲者，他表情丰富，富有激情，有感召力，表现可谓完美无缺；第二个上场的人说话磕磕巴巴且内容缺乏逻辑性，神态举止也十分拘束，表现得差到极致；第三个上场的人和第一个一样，都是完美的演讲者，唯一不同的是这个人在演讲中不小心碰倒了桌上的水杯。三个人演讲结束后，心理学家对在场的观众进行调查，发现大多数人更喜欢第三个上场的演讲者。

为什么会出现这个结果呢？心理学家经过分析认为：第一个演讲者太过完美，和普通人距离遥远，让人觉得有些不真实也无法接触到；第二位实在是没有优点可言，自然不会喜欢；而第三位虽然同样是杰出的演讲者，但也会像普通人一样犯错，所以看起来很有亲和力，仿佛就是我们在现实中认识的朋友。

聪明人之所以走进“完美人设”的误区，主要是因为他们太过看重“印象管理”，对自己的一言一行都严格审核，生怕出现任何瑕疵，这就让他们的一举一动都是深思熟虑之后的结果。其实越是这样表现，越会让人们产生疏离与隔阂。

几乎每个人都渴望获得别人的赞赏和喜欢，特别是聪明人，因为他们知道个体被群体接受以后会获得更多的“红利”，比如有机会成为团队中的领袖，再比如成为稀缺资源的拥有者等，所以他们会不遗余力地让大家喜欢自己，这是从功利性的角度出发的。除此之外，从情感关系的养成上看，聪明人也十分在意他人对自己着迷的程度，因此会想方设法让自己讨人喜欢，强化在各种关系中的主导地位。

然而，当聪明人越是想要表现自己的完美人设时，结果往往会距离预期越来越远，这并非是聪明人做不好完美人设，而是他们过于完美的形象仅仅是让自己变成了可敬可畏的大咖，高度上去了，亲密感却降下来了，即便得到了别人的赞赏，可大家都是远远地观望，没有人愿意走近。

人有缺点才可爱，这句话虽然说的有些粗陋，但大体上也反映出“什么样的人才受欢迎”这个问题：有不少亮点但要有几个接地气的缺点。正是有了这些缺点的存在，才会展现出一种可爱的真实。

那么，可爱的真实为什么招人喜欢呢？主要有两个原因。

从功利性的角度看，存在明显缺点的人，等于暴露出了自己的软肋，无论是对手还是朋友，都心里有底，知道这个人该如何对付，所以对这一类人的警惕性会降低不少。相反一个找不出任何破绽的人，别说对手心存恐惧，就连朋友也会心里打鼓。

从非功利性的角度看，存在明显缺点的人是可以接近和信赖的人，因为面对他们时不会有压力，甚至还会产生一种保护欲：他学业出色但不会做饭，我得帮帮他，不能让他饿死了；她长相出众却思维简单，我得保护她，不能让她被人骗了。于是，缺点和优点并存的人就深深地打动了人心中最柔软的部分。

当然，仰八脚效应并非是万能公式，我们不能为了让别人喜欢自己而故意出丑，必须让这个丑控制在有限的范围内。国外心理学家通过研究发现，不同的人对“出丑效应”的看法也千差万别。

第一，按照性别划分，男性更喜欢犯了错的卓越人才，而女性更喜欢没有明显缺点的人；第二，按照严重划分，如果是没有造成结果的小失误是不会引起注意的，比如碰倒了杯子但杯子没有摔碎，所以这个“丑”要能被人注意到；第三，按照相似性划分，如果出丑的人和我们三观相近，我们反而不会接受他，因为潜意识里会觉得他给我们“抹黑”；第四，按照自尊性划分，自尊心一般的人能够接受出丑的人，而高自尊和低自尊的人更喜欢完美人设。

古语有云：“人无疵，不可与交，以其无真气也。”当我们表现出异于常人的时候，看到我们的人会本能地认为“你太‘非人类’了，我不想跟你玩儿。”这是一种微妙的心理变化，注重功利的聪明人往往不会察觉，等到他们发现自己被人家排斥的时候，这个距离感已经被拉开了。那么，在适合使用仰八脚效应的社交场合中，我们如何才能克服“完美人设情结”呢?

其实，最简单的办法就是让自己习惯“出丑”。

著名心理学家埃利斯曾经发明了一种叫做“打击羞耻”的方法，它可以帮助一个人坦然面对出丑：当你坐公交车的时候可以大声地报站名，引起大家的关注，同时也不会影响到公共秩序，反而会让没有听清站名的人得到提示。如果你认为这个方法不适合你，也可以在公共场合向陌生人借一元钱然后再还给对方。埃利斯认为，当人们习惯做这些“丑事”之后，就会渐渐认为丑事也不过如此，这就提高了你对出丑的承受能力。

训练“打击羞耻”不是为了让人变成厚脸皮，而是让我们从容面对无法控制的那些出丑行为，毕竟工作和生活中的很多事情是不可控的，如果我们没有过硬的心理素质，面对自己的丑态是很难保持冷静的，这会导致我们的行为进一步失控，那时候才是真的让人讨厌。无伤大雅地出一次丑，心平气和地接受一次出丑，这些看似不美丽的风景，恰恰能够点缀我们的人生，给它更多的可能。

3 外部效应：

坐过去安慰人，可人家先闻到的是汗味

很多人会把“好心办坏事”当成自己受委屈的结论，在现实生活中也的确会发生这种事，有些是因为误会，有些是因为意外，还有些则是你的“好心”并不绝对纯粹。可能你觉得这很委屈，那我们就来看这样一个故事。

著名作家老鬼在他的《血与铁》中回忆过一段往事：

那是在1960年，老鬼刚上初中一年级，由于粮食紧缺学校开始核定粮食供给，让每个同学按照自己的实际饭量申报再交给学校批准。当时老鬼只有13岁，看了很多革命回忆录，对我党的英雄人物十分敬佩，于是他天真地认为，既然红军战士能够靠着草皮树根走完长征，那自己少吃一点粮食又算的了什么呢？为了给国家减轻一点点负担，

这也是一件光荣的事情。于是，老鬼在申报表上填写了最小定量——28斤。表格交上去以后，老师都看呆了，就问老鬼是不是下定了决心，老鬼拍着胸脯表示没问题。因为这件事，老师当着全班同学的面表扬了老鬼。然而过了一段时间老鬼就崩溃了，因为他过去从没挨过饿，不知道一个月吃28斤粮食是什么概念，而且他正处于长身体的时候，也就是“半大小子吃穷老子”的年级，可想而知每天一个馒头、四两米饭和一碗稀粥是多么的折磨人。后来，老鬼的母亲知道这件事，把他臭骂了一顿：“这怎么行呢！每个人都有自己的定量，我们现在的粮食也很紧，你每星期回家，拼命吃家里的粮食，然后再到学校装积极，这就革命吗？”老鬼终于意识到自己的错误，只好向学校的党支部承认了错误，最后把粮食定额增加到了32斤。

报最少的粮食定额，遭最苦的身体折磨，害最亲的家人挨饿，这个逐渐从美好初心变成人生事故的过程，最主要就是受了外部效应的影响。

外部效应原本是一个经济学名词，是指一个人或一群人的行动和决策使另一个人或一群人受损或受益的情况。后来，人们把这个名词扩展到了公共管理学领域，由此得出了新的概念：当事人的某种行为对其他人产生的有益或者有害的影响效应。打个比方，一个人养了一只狗，这只狗每天晚上都喜欢大声叫唤，这个人习惯了狗叫声而且总是熬夜，可他的邻居喜欢安静又经常早睡，结果被狗叫声弄得彻夜无眠，这只狗对邻居而言就是一种负面的外部性。

当然，外部效应不都是负面的，也会产生积极作用。风靡世界的美剧《权力的游戏》走红之后，君临城内部的取景地马耳他的圣安东宫以及凛冬将至的拍摄地冰岛，都因为这部热播剧大火，让这些本来就景色优美的旅游胜地招揽了更多的游客。与此同时，游客们在选择出行地的时候也不用担心选择困难症了，只要他们看过《权力的游戏》自然也想去拍摄地走一走看一看，这种多方共赢的外部效应就是正面的。

外部效应在生活中随处可见，只是很多时候我们忽视了它的存在，也无法分清楚它带来的是正面的还是负面的效应，导致我们在不知不觉中影响到了其他人。

在一个四人间的大学宿舍里，因为蚊子很多，其中一个人挂上了蚊帐，那么剩下的蚊子就不得不去叮咬其他的三个人。迫于无奈，这三个人也购买了蚊帐挂上，这就是因为一个人的行为影响到了其他人。

这么看来，外部效应是很容易理解的，那为什么聪明人会犯这一类错误呢？其实，换个角度看挂蚊帐这件事你就能理解了。

还是这间宿舍，某个聪明人因为容易被蚊子叮咬，一到晚上就睡不着觉，只能噼里啪啦地一顿拍打，搞得同寝室其他人都睡不着觉。这个聪明人知道这会影响他的人际关系，于是就购买了蚊帐避免自己挨咬，然而故事的结局我们都知道了。

聪明人之所以容易忽视外部效应，是因为他们总是善于抓住事物的主要矛盾，从原则上讲没问题，但因为缺乏全面分析事物的意识，就让事情朝着相反的方向发展。还是说挂蚊帐这件事，最好的解决方案是什么呢？在宿舍里摆上蚊香，这样所有人都可以免于被蚊子叮咬，不会产生任何负面的外部性。当然，你可能会说有人闻不惯蚊香的气味，那可以选择电蚊香，也可以跟室友分析利害关系，没什么解决不了的，因为你维护的是集体的利益。这样一来，你自己掏腰包买蚊香，造福的是全宿舍人的健康和安宁，这就变成了正面的外部效应，以后谁见了你都会挑大拇哥的。

懂得利用外部效应的人，才是真正的聪明人，因为他们能够把个体利益和集体利益相结合，也能把短期利益和长远利益相调和。能够做到这一点，需要在三个方面下工夫。

第一，换位思考。

这是一个几乎被用烂的词，但是真正愿意换位思考的人却并不多，因为人们还是习惯从个人角度出发，就像那个只顾自己挂蚊帐却忘记舍友要为此买单的人，如果稍微考虑一下别人，也许就不会作出这样的决策。所以，凡事在开动之前，先想想有没有人会受到你的牵连，会受到多大牵连，把这两个问题仔细思考一下，总能找到解决方案。

第二，保持沟通。

有些事不是切换视角就能找到答案的，因为有些作用力只有当事人才能感觉到。打个比方，你在夏天容易出汗，自己是闻不到这种汗味的，只能或委婉或直接地询问他人，看是否给对方带来了负面影响。千万不要抹不开面子，也尽量让别人畅所欲言，这样才能把矛盾和冲突扼杀在摇篮里。

第三，掌握分寸。

消除负面外部效应的最佳方案就是掌握社交分寸，给自己和他人预留出社交空间，这样即便你自身存在一些缺点，也会因为时间和空间上的距离把握而被弱化不少。就像你身上喜欢出汗一样，除了勤洗衣服勤洗澡之外，尽量不要一说话就凑到别人鼻子跟前，分寸拿捏好，别人也不会闻到你身上的汗味，彼此都保留了最美好的记忆，这不美妙吗？

4 摘樱桃谬语：抢着打包，你知道有多少眼睛瞪着你？

讨厌一个人的时候，总能找到一万个讨厌他的理由。在生活中，这样的现象屡见不鲜：某人不喜欢一个明星，总能找到一堆有关该明星的负面新闻；某人不喜欢一个地方，总能找到一堆关于该地域的负面事件。如果在大脑不是很清醒的状态下听到这些言论，你甚至会真的认为对方说的有道理："没错啊！这些事都是真实发生的，难怪你这么讨厌，有道理！"

针对这种认知现象，有一个词叫做"选择性失明"，就是只看到自己想要看到的，而对于证明论点不利的论据统统视而不见。事实上，这个认知现象还有另外一个名字叫"摘樱桃谬误"。

某一天，你来到一个樱桃园里采集樱桃，无意中看到采摘好的果篮里的樱桃红艳诱人，于是就认为这个樱桃园里的樱桃十分甜美，然而你却忽略了一个重要问题：你在果篮里看到的樱桃都是果农精心挑选出来的，而那些卖相不好的樱桃并没有被摘下来，也就是说它们还可怜巴巴地挂在枝头等着你去采摘。

摘樱桃谬误，就是有选择性地加工论据，只呈现对你的论点有利的，而忽略或者隐瞒与你论点相反的。从定义上看，这和我们之前讲过的德克萨斯神枪手有相似之处，不过后者是先在主观上有了一个论点，然后去人为地制造论据，而摘樱桃谬误不一定是在主观上先有论点，也可能是碰巧发现了佐证相同观点的论据，就此形成了成见。

生活中，摘樱桃谬误随处可见，小到日常朋友聊天，大到科研报告撰写，千万不要认为这是文化不高的人才犯的错，即使在由聪明人撰写的调查分析或者历史资料中，我们也能看到这种认知现象造成的“冤假错案”。

那么，为什么聪明人会犯这种错误呢？原因很简单，就是因为聪明人太过看重证据，导致他们分析问题和查证问题都是以证据为准绳，这个认识并不算错，可麻烦的是，聪明人往往大脑转速极高，在证据没到手或者证据不充分的时候，他们就已经在心中快速作出了判断，结果这个先入为主的认识就让他们在接下来的环节——搜集证据时选择性地过滤掉某些和自己观点相左的信息，最后越走越偏，最终得出了一个错误的结论。

不过，也有一少部分聪明人是故意犯的错，这是因为他们受到了利益的驱使。比如在一项关于“糖与脂肪哪个对人类健康危害更大”的研究报告中，因为制糖业买通了相关的专家，于是他们就将所有不利于证明“脂肪是元凶”的结论全部筛选掉了。当然，这种情况还是比较少见的，更多的人是在潜意识中逐渐偏向一个他们比较认同的答案，成为了摘樱桃的人。

因为摘樱桃是一种人为干预客观的认知现象，所以它能够成为我们“改变”世界的“超能力”，于是就有很多人有意无意地掉进了这个认知陷阱之中。

战国时期，魏国的国君魏武侯刚刚即位，有一天，他心情大好，乘舟巡视西河，一面饱览美妙风光，一面感叹山河壮丽。这时在旁边的改革家吴起听了，非常不高兴，就张口来了一段“山川之固，在德不在险”的经典论证。后世不少史学家据此认为，魏武侯举止轻佻，作风浮夸，远不如他父亲魏文侯那样的雄才大略，更有人夸赞吴起敢于当着君王的面直言相劝，这是妥妥的忠臣。

这段史实被记录在《史记》和《资治通鉴》之中，算是中国比较权威的史料了，然而有人在查阅了《战国策》之后发现，当时魏武侯赞美山河以后，身边的宠臣王错随口附和说：这大好山河确实需要好好治理，将来君王霸业可期！吴起正是听了这番话才发言的。那么，补充这一段史料又能证明什么呢？那就是如何评价吴起和魏武侯。

我们知道，吴起是战国时期的改革家，很多人认为他引领了时代的潮流，也一定程度上壮大了魏国的实力，是一个忧民忠君的正面人物，于是在涉及到有关吴起的历史时，都会不自觉地把他当成正面典型，而观点与吴起不合的，要么是奸佞，要么是反对派。然而具有讽刺意味的是，吴起是战国时期著名的无德之人，曾经为了当将军残忍杀害了妻子，母亲死了也没有去奔丧守孝，无论放在哪个朝代都是道德败坏的典型，这样的无德之辈竟然教育自己的君主要主修德政，还获得了西河郡守的职务。当你了解了这一部分史实之后，你该佩服谁呢？当然是魏武侯了！他能够重用吴起这样的人，还能虚心接受他的批评，这才是一个明君应有的样子。

你看，同样是一段史实，当你掌握着两类不同的信息时，得出的结论竟然是完全相反的。

我们每个人都有自己的观点，如果不涉及到大是大非，别人也应当尊重我们的观点，但是无论在网络上还是现实中，大家都想着用自己的观点去说服别人，都有意无意地想成为“洗脑大师”，越是聪明的人越喜欢采用这种手段。当然，很多聪明人也并非是心怀歹意，他们只是单纯地认为自己的观点就是客观的，而别人的观点有失偏颇，长此以往会坑了自己，所以才不遗余力地纠正，可就是这么一番口舌之争，不少人就掉进了摘樱桃的大坑里。

错误的观点往往会伴随我们一生，所以我们该有意识地避开选择性过滤信息的行为，可以从两个方面入手。

第一，进行自我辩论。

人都是有情感的，所以一上来就站哪一类观点也符合人性，不用批判，也不用特意纠正。但是当你认同了一个观点之后，就要尝试站在对立观点的角度重新认识一下，给对立观点搜集论据，自己跟自己辩论一番。当然你会说，自己本来就不认同对立观点，怎么可能搜集到充分的证据证明自己是错的呢？其实，只要你搜集了哪怕一两个论据，也会一定程度上产生新的认识。比如，你曾经坚定地认为独生子女就是比非独家庭出来的孩子要自私，那么当你认真观察了解更多的独生子女之后，找到一两个驳斥你观点的论据，就会渐渐发现这种观点根本没有大数据支持，无非是一种先入为主的臆想。

第二，耐心听取他人的观点。

如果你实在不情愿进行自我辩论，害怕因此患上人格分裂，那么暂且饶过你，你可以不去为对立观点辩护，而是把时间留给和你观点相反的其他人，找机会和他们好好聊聊，不要一上来就反驳对方，给予对方开口解释的机会，经过几个回合，即便你不被对方说服，也会接收到更多相对客观的信息，让你的固有认识发生一些正向的变化。

大多数人并不想成为摘樱桃的人，但是大多数人却想成为左右他人观点的人，其实这才是病根所在。那么，只要我们怀揣一颗包容的心、平和的心、从善的心，自然就会在观点的争论中少一分戾气，多一分理智。即便我们说服不了任何人，但我们也没有被认知陷阱套牢。

5 刻板效应：处女座都是强迫症？那早产就能逆天改命了？

在热门网剧《庆余年》刚播出的时候，由王阳饰演的藤梓荆出场就要杀害主人公范闲，当时不少观众都认为，从藤梓荆“凶神恶煞”的眼神中能够发现，他一定是个残忍的坏人。然而，随着剧情的深入发展，观众这才慢慢得知，原来滕梓荆并非是人们想象中的坏人，他之所以要杀害范闲是因为收到了错误的情报。后来更是得知藤梓荆因为打抱不平而遭到朝廷通缉，不少观众又纷纷表示：滕梓荆看面相就是一个正直勇敢的人。

即便你没看过《庆余年》，相信也经历过类似的观剧体验：某些人物一出场就给他们贴上或者是好人或者是坏人的标签，然而随着故事情节的发展又推翻了之前的定论。

这就是著名的刻板效应。

刻板效应也被叫做刻板印象，是指对某个群体产生一种固化的认识并对属于这个群体的每个个体也给予相同的认识，简单说就是一种定式思维，比如很多人觉得四川人爱吃辣的，东北人能喝酒等。

在20世纪，苏联社会心理学家包达列夫做过一个十分有趣的实验，他将同一张照片给两组不同的测试者观看，照片中的人眼窝深陷、下巴外翘，包达列夫分别告知两组测试者该人物的职业是罪犯和学者，最后让测试者根据特征进行描述。

那么，实验的结果如何呢？

被告知该人是学者的测试者给出的描述是：这个人眼窝深陷，意味着他经常思考而且思想深邃，外翘的下巴代表他具有很强的探索和学习精神，是非常典型的学者样貌。相比之下，被告知该人是罪犯的测试者却给出了完全相反的描述：这个人眼窝深陷，一看就知道是狡诈之徒，而且下巴外翘正代表了他是一个强悍顽固的暴徒，妥妥的天生犯罪人。

同一张照片，为什么测试者会得出截然相反的评价呢？问题就出在包达列夫事先交代的职业背景上。当包达列夫指出该人是学者时，测试者就会在脑海中搜索有关学者的印象：睿智，稳重，刻苦，安静；当包达列夫指出该人是罪犯时，测试者就会在脑海中搜索有关罪犯的印象：奸诈，凶残，暴戾，偏执……于是就产生了完全不同的认知结果。

当你是旁观者的时候，你可能会觉得这些测试者下了武断的结论，可事实上很多人都逃不开刻板效应的影响，而且其中很多人还是聪明人。为什么会这样呢？因为聪明人更懂得吸收群体认识带来的经验，这样能够避免自己重蹈覆辙，比如脸上有刀疤的人是坏人，比如农村走出来的孩子自卑等，这些认知不能说绝对错误，但完全不足以构成客观规律，只是能在一定概率上帮助他人判断或者解决问题。那么，聪明人就意识不到错误吗？答案是很难。

如果你相信“脸上有刀疤的人是坏人”，那么就会在生活中远离这一类人，自然无法真正了解到他们，而在你的认识中是“规避了危险”。同理，当你认为农村孩子自卑的时候，就会先入为主地搜集对方可能自卑的表现，很可能就把人家的内向性格、谦虚态度当成了自卑的表现，更坚定了你对这个结论的认同。也正是因为难以检测真假，这也意味着你会在无形中犯下很多错误而不自知。

偏见是一座大山，当你产生了刻板印象之后，别人在你心中就很难翻过这座大山，而你也会不断地给这座大山填土加石，让它越来越高、越来越难以翻越。

当然，刻板效应并非都是负面的，有些时候它的确能够帮我们快速筛选信息，减少或者避免试错成本。但问题在于，一旦刻板效应出现了偏差，它带给我们的损失也往往是无法挽回的。

前几年高考结束后，有一个叫做“天价高考咨询”的词条会迅速火爆起来，它是指一些父母在高考结束后花费数万元请相关机构给自己的孩子做人生规划，这其中或许有正确的规划，但也会有错误的规划，因为人生本来就不是规划出来的。

为什么家长们热衷于给子女做人生规划？就是因为他们觉得这样能够让孩子少走弯路，多走捷径，这真是很典型的聪明人思维。

尽信书不如无书，刻板效应也是如此，它必然有正确的一面，但错误的一面所带来的损失也是我们承受不起的。既然如此，就尽量不要选择相信那些刻板的认知。

刻板效应的可怕之处在于，它不仅会形成对他人的偏见，也会形成对万事万物的偏见，以至于让自己身处这种偏见之中，这个危害是巨大的。同样，聪明人因为担心自己选择的人生会受到社会的偏见而作出了错误的选择。

日本著名作家渡边淳一，一度爱上了写作，但是他深知这是一条艰险难走的路，心中极度迷茫，最后给当时著名的日本画家摩西奶奶写了一封信："我已经28岁了，我现在是名医生，我想辞职专心写作，但是家里人都认为医生这个职业很稳定，不同意我辞职怎么办？"渡边淳一的担忧是有着社会根源的，当时日本人普遍认为医生是地位高、收入高的职业，而作家似乎是无业游民才会选择的职业，这让渡边淳一承受着巨大的选择压力，所以才给摩西奶奶写信寻求答案。结果，摩西奶奶给渡边淳一的回信中写了这样一句话："做你喜欢的事，上帝会高兴地为你打开成功之门，哪怕你已经80岁了。"

渡边淳一受到了开导和鼓励，这才毅然决然地辞职成为了专职作家，最后在日本文坛乃至世界文坛都取得了让人刮目相看的成就。如果摩西奶奶没有指点他，如果渡边淳一无法自己摆脱刻板效应，那么他日后的人生很可能不会这样精彩。

有的人会说，既然刻板效应有正面作用也有负面作用，那也没必要特别去改变吧？如果你这样想，不妨看看下面一个实验。

在一个笼子里关着两只猴子，研究者在笼子里放进了香蕉。当第一只猴子去拿香蕉时，热水开关被触动，猴子被烫伤，而当第二只猴子去拿香蕉时同样也会触动热水开关被烫伤，最后两只猴子谁也不敢去拿香蕉了。就在这时，研究者放入了第三只猴子并撤走了热水装置，当第三只猴子想要去拿香蕉的时候，另外两只猴子拦住了它并给它展示自己的伤口，第三只猴子就不再去拿香蕉了。接着研究者放出了第一只猴子并放进了第四只猴子，它想去拿香蕉的时候就被第二只和第三只猴子劝阻了，这时研究者又放走了第二只猴子并放入第五只猴子，它同样在拿香蕉的时候被第三只和第四只猴子劝阻了。但是我们知道，这两只猴子自己并没有被热水烫过，只是它们脑海中的刻板效应让它们这样做。

其实，这些猴子就是人类的缩影。

看过这个实验之后，你是不是忽然心生一丝悲凉：本来从第三只猴子开始就可以吃到香蕉的，可它们却永远没有这个胆量，如果把猴子换成人，那么错过的就不是一串香蕉，而是一个最适合你的人或者是一道美丽的风景。

当你认真看了这个实验之后，相信会坚定地要修正刻板效应给你带来的影响。那么，请在工作和生活中记住以下四点忠告。

第一，大家公认的事情可以作为参考，但必须经过必要的检验。

我们都知道“三人成虎”的典故，这个故事足以证明口口相传带来的谬误以及群体认识的可笑之处，所以你应该明白，不管对方多么斩钉截铁地向你灌输一条真理，那都可能只是他从别人口中听到的，只有你亲自验证才能证明它正确与否，当然如果是风险很大的事情就要斟酌再三。

第二，可以偶尔相信直觉，但不能一直依靠它。

当我们遭遇命悬一刻的危机时，往往来不及思考，只能凭借直觉作出决策，这就是著名的“战斗或逃跑”策略，这时我们的确没有机会去分辨真相。但如果不是争分夺秒的危机时刻，我们就不能把希望寄托在直觉上，这很可能会让我们陷入到更大的困境中。

第三，当你不顾一切地遵循刻板效应时，只能徒增试错成本。

虽然我们承认，有些刻板认知可能避免我们走弯路，但真相并不是刻板认知本身的正确性，而是它让我们变得谨慎，自动剔除了最为冒险的选项。然而人的一生中总需要冒险和尝试，如果时刻都被刻板效应束缚，从总量上看，我们会付出更加高额的隐形试错成本。

第四，心中越是有偏见，思维就越会定式。

刻板效应真正危害的不是我们如何作出选择，而是我们的思维方式。心理学家认为，如果一个人长期在固定的环境中工作或者生活就会形成一种固定思维，让人们习惯从固定的视角去分析和解决问题。同样，这种固定的环境也会直接催生刻板效应，它会彻底毁坏我们的认知结构，让我们的一生都在错误的指挥中盲目前进。

这个世界的万事万物都在不断变化，如果用固定和静止的思维去看待问题，不只是对世界产生了偏见，也会把我们自己束缚在走投无路的境地中，让我们看似快速作出了选择，实则越走越窄，这样的人生境遇，你不想要吧？

6 信心指数：

“千面女王”很酷？我们村管这叫喜怒无常

在我们身边，总有一些自我感觉良好的人：他们可能长相普通，却每每在自拍的时候都配上国色天香级别的文字，仿佛昭君再世；他们可能业务水平一般，却每谈下一单都要拿出马云创建阿里巴巴的口气向朋友圈昭告天下……当然，如果你不了解他们，你会真的以为他们就是人中龙凤，可如果你知道他们的老底儿，不仅不会觉得“那很酷”，反而会一口老血喷出来。

对于这类人，不能用简单的刚愎自用来形容他们，他们其实是“信心指数”过高造成的认知不足。

信心指数原本是一个经济学名词，通常是用在债券市场通过计算相关数据而得出的投资者具有投资信心的数值，比如某支股票连续一年上涨，再比如某个理财项目收益持续走高，相对的就是信心指数的提升，所以它是为了揭示投资市场出现的某种趋势。在股市中，很多人赔钱，真的就是因为高估了自己能力，高估了自己购买的股票。后来，**有人把这个现象同步到人类的认知领域中，用来概括人们对某个事物的信心**，比如一个学生连续三次考试都是满分，比如一个美女一天被人夸长得漂亮100次，相对应的自然是信心指数的暴涨。这种认知现象也被专门定义成“过度自信谬误”，也就是说很多人都认为自己比别人更聪明，超出平均线。

可惜的是，我们知道这是不可能的。更可惜的是，越是聪明人越容易犯这种错误。

其实，这不是聪明人更加自负，而是聪明人更喜欢正向激励自己，因为这样才能让自己爆发出更多的潜能。但问题在于，这种激励是难以量化的，当人们认为自己“一定行”的时候，所产生的积极心理暗示就像脱缰的野马，既能狂奔在草原上冲破障碍，也会因为高速驰骋而变得膨胀，最后认不清自己。于是，原本乐观阳光的聪明人就渐渐变得高估了自己，再加上外界的一些夸奖和别有用心的吹捧，就让信心指数几何式地增长，最终认不清自己。

在电视剧《乔家大院》中，孙茂才一直得到乔致庸的信任，本来有着大好的发展前途，但逐渐认不清自己，无法摆正自己的位置，加上个人私欲的膨胀，最后被乔家扫地出门。然而直到这一刻，孙茂才还是无法正视自己，他觉得自己是怀才不遇，把所有的责任都推到东家身上，所以他不顾一切地投靠乔致庸的死对头，结果人家作为旁观者看得十分清楚，一句话就让孙茂才清醒过来：“不是你成就了乔家的生意，而是乔家的生意成就了你！”

你为什么那么优秀？原因其实是多方面的，有内在原因也有外在原因，可很多人一到这个问题上就本能地偏向自己，就像孙茂才一样，在这种错误的认知条件中，如何能给自己指导出正确的出路呢？

其实，自我激励也好，积极暗示也好，这些原本都是健康的心理调节方式，但方法终究是方法，不是严谨的科学报告，认真就输了。如果一个人盲目地提升自己的信心指数，放在投资市场上，很可能会误判形势，最后亏得血本无归。

有意思的是，在一个人无端地给自己提升信心指数的同时，还会无形中降低别人的信心指数，也就是说把自己拉高到平均线以上，把别人压缩到平均线以下。曾经有机构做过调查，他们找来了同等数量的男女受访者进行调研，最后调查的结果十分惊人：在有关风流韵事这个话题上，大多数男人会高估自己的经历次数，而女人则会低估。换句话说，男人通常认为自己更像段正淳，而女人通常认为自己是小龙女。

当我们以旁观者的视角来看这几项调研时，你是不是就明白了信心指数过高对人的误导作用了？它可不是只给你一个错误的结果，而是会给你一个错误的方向。

虚假的信心指数，不仅影响到我们对自己的评价，还会干预到我们的现实生活。某一天，你发现自己家的门锁坏了，打电话给换锁公司，对方收费100元，你觉得太贵了，就花50元钱买了一个锁芯打算自己更换，结果耽误了一上午的时间，拧坏了两把螺丝刀，锁芯搞坏了，手指也被划破了，算来算去还不如花100元请换锁公司了。

这样的事其实发生在很多人身上，在别人看来他们是因为抠门，在他们自己看来是因为运气不好，可站在客观角度就是信心指数被人为地拔高了。

我们拔高了自己，也就增加了更多的障碍。

如何对抗过高的信心指数呢？看看那些炒股的高手，以及那些经营人生的赢家，他们几乎都有一个共同特点，那就是对自己诚实。

股神巴菲特曾经收购过一家规模很大的纺织厂，开始以为能赚钱，可后来发现在纺织业中不受马太效应的恩惠：头部工厂规模越大，由于纺织技术更新速度快，更新成本高昂，导致大工厂反而不如小工厂的市场适应力更强。最后，巴菲特果断卖掉了这个烫手的山芋，因为他知道自己玩不好这个领域。

现在懂了吧？要克服过度自信，不用做长篇大论的分析，只要大胆对自己说几句真话，你就能意识到症结所在。虽然高看自己是普遍存在的现象，但这并不代表我们真的无法认识自己，而是不愿意说出真相而已，所以只要你有足够的勇气，你就不会在盲目的自信中越陷越深。

CHAPTER 07

第七章

你以为有成功的潜质就能走向人生巅峰?

1 诱因设计：

工作没动力？驯狗熊也得给奖励吧？

这年头，不光是喜欢喝鸡汤的人越来越多了，喜欢喂别人鸡汤的人也为数不少。在网络上，一旦有年轻人吐槽上班辛苦，总会有人反驳“不付出怎么有回报”。更有甚者会给某个年龄段贴上“不爱上班”的标签，比如“XX后都不能吃苦！”

在你大口大口喝鸡汤之前，请先搜索一个词——诱因设计。

诱因设计是指能够引起有机体定向行为，同时还能满足某种需求的外部条件，简单说就是要用一种奖励或者刺激的方式产生驱动力。从20世纪50年代开始，不少心理学家认为，万事万物不能单纯通过驱力降低的动机理论进行解释，也就是说一个孩子突然不爱学习了，不能简单认为他就是个学渣体质，而是应该思考是不是缺少了必要的外部刺激，也就是诱因。千万不要认为这是一个矫情的心理机制，在自然界，如果一个吃饱了的动物看到其他动物在大快朵颐，也会不由自主地再来一顿，那么这时的动机就不是受到饥饿感引起的，而是外部刺激。

过去我们常说内因是根据，外因只是条件，这句话放在宏观层面还是有效的，但并不能解释所有问题。事实上，很多事情的发展和结局，都是受到内因和外因共同作用的结果，把“不努力”笼统地解释为“不上进”“不能吃苦”，这真的是简单粗暴。

19世纪中期，在美国加州发现了金矿，于是不少淘金者蜂拥而至，当时年仅17岁的亚默尔也来到加州，然而他发现这里到处都是淘金者，金子已经被淘得差不多了，很多人甚至死在这里。一天，亚默尔被饥渴折磨得半死，就在这时他忽然想到：既然淘金毫无希望，为什么我不去卖水呢？于是亚默尔果断地放弃寻找金矿的打算，将手里的开采工具变成找水工具，把远处的河水引入到水池后进行过滤，加工成清凉可口的饮用水再去卖给淘金者。当时有人嘲笑他，别人都在淘金你却在卖水，不过亚默尔毫不在意，继续卖水，最后大多数淘金者空手而归，亚默尔却凭着卖水赚了6000美元，这在当时是一笔可观的收入。

有人认为，亚默尔能赚到钱，不是依靠外因而是内因——具有商业头脑，那些淘金者才是跟着外因走，可他们却没有赚到钱。其实这就是割裂了外因和内因的联系，没有金矿这个诱因设计，亚默尔就不会亲眼目睹淘金者缺水的现状，自然也赚不到钱，这个外界环境的刺激作用是不能被忽视的。

为什么总有人那么看重内因而忽视外因，因为这些人往往都是聪明人。什么，聪明人又背锅了吗？我们不妨仔细分析一下原因。

聪明人之所以喜欢强调内因主要有两个理由：

第一，聪明人相信自我，相信只要努力就会成功，虽然他们可能也知道这句话很鸡汤，但鸡汤还是能产生正能量的，能够让他们保持高度的自信去从事某项工作，那么从主观的角度看，成功率就提高了不少。比如心理学上的“皮格马利翁效应”，是指人们会在高期望的前提下有更出色的表现，这是有着科学依据的，所以即便是一个平庸之辈，如果保持着恰到好处的自信而非自负，总能干出一两件让人刮目相看的事情。

第二，聪明人习惯排除“不可控”，什么是不可控？当然是外界条件，那么聪明人真的认为外界条件不重要吗？也不是，只是聪明人懂得，越是减少“低效思考”的占比，越能集中精力办大事，毕竟人的精力有限。打个比方，聪明人计划明天向女友求婚，他们会考虑用何种方式打动对方、如何展示出自己最有魅力的一面，但是他们不会执着于思考“如果明天地震怎么办”“如果女友的前男友刚好打电话要求复合怎么办”“如果到场声援的亲友团衣冠不整怎么办”等问题，其实这些看起来可笑的事情未必不会发生，只是思考它们会占用过多内存，不想也罢。

以上两个理由就是聪明人忽视“诱因设计”而重视“自我暗

示”“自我激励”的原因，平心而论没毛病，但是时间一长会产生负面影响，那就是因为过度要求自己而产生疲惫感，因为一个人的努力和结果并不是产生绝对关联的，当你距离预期永远都有一米距离时，你会在无形中消耗掉原有的热情，虽然在口头上还鼓励自己，但已经是心有余而力不足了，这样下去不是精神崩溃就是身体垮掉。

国外曾经做过一个有关诱因设计的实验，被试者的手指连通电极，然后感觉并判断哪一次的通电电流频率更高，只要判断正确就能获得奖励。结果发现，随着奖金数目的增加，被试者的判断正确率逐渐增高。这个实验充分说明了诱因设计带来的奖赏，能够提高人类的认知能力。

对比这个实验，你是不是忽然发现：猛给自己灌鸡汤的样子看起来很励志，其实很愚蠢呢？的确，我们需要自我鼓励，需要强调主观能动性，但这并不意味着和外部刺激是对立关系。一个员工可以为了理想去努力工作，但这并不代表老板就不用发奖金、不用口头鼓励了，这些正向的诱因设计只会锦上添花而不是多此一举。

目前流行的成功学往往让一些人笃信“信仰的力量”，他们把精神看得过于重要，忌讳谈物质刺激。没错，成功是一件需要吃苦、付出的事，但如果我们在这个艰难的过程中吃到几块糖，那不是更能提高我们的上进动力吗？即使没人发糖，我们也可以适当奖励一下自己，因为外因本来就是可以设计的。

2 赢者诅咒：

有人创业赔钱了，所以打工最幸福?

“那个人因为投资失败前两天跳楼了。”

“真是树大招风啊，要是老老实实打工就没这些事了。”

相信你在生活中或者网络上看到、听到过类似的观点，那就是很多冒险创业、第一个冒尖的人往往都不会有什么好下场，至于马云马化腾这些大佬们不过是幸存者偏差罢了。在这个观点的背后，暗藏的倒不是仇富心理，而是一种伪佛性心态：既然追求卓越那么难，为什么不安安静静地做一个靓丽的打工仔呢?

其实这种心态一点也不新鲜，有一个专有名词称呼它——赢者诅咒。

“赢者诅咒”这个词源自一个经济学现象，指的是如果一块特定的土地或其他商品、资产存在多种投标价格而且投标者对它们的估值

基本正确，那么最高报价者往往就会支付最高昂的价钱——超出了原有的价值。听起来有些难懂，简单说就是在拍卖会上一群人竞价，最后得手的人必然是花了冤枉钱，因为成交价可能远远高于起拍价。

赢者诅咒单从一个经济学现象来看，其实没什么问题，但是经过人们思想的发酵就变成了一种单纯的嘲弄：为什么拍卖的赢家实际成为了输家呢？因为他们花了太多的冤枉钱。为什么追星族为了看一眼偶像花费上千元买票而不是坐在电视机前观看呢？说到底，这个由经济学现象转变为一种认知现象的名词，成为了颠倒黑白的代名词。

究竟是赢者诅咒本身出了问题，还是人们的解读出现了问题？

实际上，对赢者诅咒是否代表着真理，经济学家之间也是存在争议的，虽然从表面上看出价最高的人花了不少钱，但如果竞品存在着升值空间，那么买家其实是不亏的。同样，把这个逻辑迁移到日常生活中，我们也会发现，有些“价值”是不能用金钱来衡量的，甚至是不能量化的。比如你去看偶像的演唱会，带来的心理愉悦能用钱计算吗？但是，很多人并不能看到这一层，正因为无法量化，所以他们会选择性地寻找可以量化的条件作为判断的依据，这也恰恰是聪明人的专利。

聪明人有着很强的生存逻辑，这保证了他们能够在大多数情况下趋利避害，因为他们会尽快剔除掉难以计算的因素，通常也不太喜欢冒险，所以花高价当冤大头这种事轻易不会干。另外，由于聪明人普遍都比较冷静，很难为情怀、梦想这些东西买单，这就决定了他们不愿意当最狂热的那个人。

那么问题来了，这种保守的三观有错吗？其实也没多大错，对于一个不了解的项目、一个陌生的领域，不想当出头鸟的做法是谨慎的，但问题在于，如果将冒险等同于大概率的失败且会一蹶不振，这就会直接阻断了通往成功之路。

其实从客观的角度看，赢者诅咒既不能理解为是“赢了的人必然吃亏”，也不能概括为“胜者为王”，它所揭示的是经济学中的双刃剑现象，这和经济学中的另一个名词——“资源诅咒”有着异曲同工之处。所谓资源诅咒就是：上帝在赐给你丰富资源的同时也会诅咒这个地方的人得不到好运，比如盛产石油的中东，再比如盛产钻石的塞拉利昂等。既然如此，我们就要摆正心态去看“赢者”，而不是像躲避瘟疫一样直接绕开它。

聪明人担心“成为赢者”会给自己带来灾难，这就是一种缺乏辩证思维的表现，也是对当下“丧文化”的一种迎合。

丧文化是指一些年轻人（以90后、00后为主）在生活中由于学习、事业以及情感等诸多不顺，形成了一种颓废、绝望、消极的心态。其实这些年轻人并非头脑愚笨，反而思维敏捷，但他们关注了更多消极的存在，结果导致过早地“看开了世界”，所以不向往着去当一个赢者，而是沉溺于“葛优躺”之中。

一座寺庙里住着两个和尚，一个穷，一个富，他们互相陪伴，每天打坐念经外加吃斋修行，日子过得虽然平淡却也安稳。过了几年，两个和尚都读完了庙里的经书，穷和尚就要去南海学习佛法，提升自己的修为，他将这个想法告诉了富和尚，富和尚却表示反对，说他一无所有去南海那么远干什么？穷和尚说去南海只要一个水瓶和一只碗就够了。富和尚惊讶地反驳："这点东西怎么够？路上下雨呢？你的鞋子磨破了呢？万一没遇到人家怎么化斋？遇到强盗没有银两给他们怎么行？要是生病了怎么办？你不带上一些药吗？我就因为考虑这么全面，才一直没有去南海！"结果，穷和尚没有听富和尚的话，就带着一个水瓶和一只碗上路了。过了几年，穷和尚带着经书从南海归来，把自己在路上的所见所闻全都讲给富和尚听，一派学有所成的样子。富和尚这才意识到，之前自己想太多了，阻断了他的修行之路。

人生本来就是三步一个坑、五步一个坎，在通向成功的道路上更是如此。我们害怕失败，害怕当冤大头这没错，但如果是过于谨慎或者过于焦虑，就会想得太多，最终一步都迈不出去。

人活着还是需要纯粹一点，那就是不要多疑多虑，也不要过分强调避险和B计划，因为这样会渐渐消磨掉我们身上的锐气，形成一种负面作用极大的认知心理：干那件事试错成本太高了，我玩不起退出可以吗？就像我们前面所说的，"赢者诅咒"本质上代表着机遇和风险并存，所以我们作出决定的前提是正面和负面的信息都同步接受，作出客观的分析，而不是只看到负面影响却忽视了错过之后付出的"机会成本"。

纠正赢者诅咒的思维陷阱，需要我们跳出对"成败"的刻板印象，不能把今天损失了一元钱当成"赔了"，要分析这一元钱是否给你换来了经验，是否帮你打通了人脉，是否帮你交了学费，合情合理地计算成功所需要的成本，这样对赢者是公平的，对你也是有益的。

总的来说，在竞争中处于积极前进的态势是好的，在竞争中占据优势地位也是好的，因为这意味着你能获得更多的资源和信息，获得更多人的关注，这些都是有形的或者无形的财富。它甚至不需要你一定成为出价最高的人，哪怕屈居第二第三，这些优势依然会被你获得。但是如果你畏畏缩缩不敢上前，那么残羹剩饭你也分不到。

在追逐名利的道路上，可以远离那些狂热的团队或者个人，但不能因此害怕地钻进无人岛，当你隔绝风险的同时，也就隔绝了生命绽放的另一种可能。

3 节约悖论：中午少吃一顿饭，明天挂个专家号

“我瘦小，我骄傲，我为国家省布料。”

这是生活中经常听到的一句调侃，其实这身材瘦小和节省布料没什么必然联系，甚至还可能降低产品的销量。不过在这句话却能折射出民众的一种朴素认识：节约=省钱，省钱=创富。

勤俭节约，是我国的优良传统，尤其是在我们经济发展水平较低的时期，这能直接降低我们对有限资源的消耗速度，当然即使在物质极大丰富的今天，勤俭节约仍然值得提倡，比如节约粮食，节约水电等。不过，有的人把节约当成了一件宝贝，不仅在物资匮乏时这么干，在手头宽裕的时候也这么干，朝着葛朗台、泼留希金等吝啬鬼的方向迅速靠拢。

这就涉及到一个有趣的经济学理论了——节约悖论。

节约悖论是在1936年由著名经济学大咖凯恩斯提出的，当时他在《就业、利息和货币通论》中引用了一则古老的寓言：一窝蜜蜂本来过得兴旺发达，每一只蜜蜂都享有丰富的资源，所以每天过着纸醉金迷的生活。后来，一个哲人遇到了这窝蜜蜂，看到它们挥霍资源觉得十分心疼，于是就教导它们不要这么浪费，应该勒紧裤腰带过日子。蜜蜂们觉得哲人的话很有道理，于是就积极地执行起来，全都变成了“铁蜜蜂”一毛不拔，结果导致这个蜂群的产能严重下滑，最后一蹶不振衰败了。

可不要认为是蜜蜂智商不够才被那位哲人忽悠瘸了的，在现实生活中，很多聪明的人类在没人忽悠的情况下会自动执行“节约生财”的这套理论，这是不是听起来有些滑稽？其实聪明人在这个问题上也是有充分理由的。

一方面，节约是原始资本积累的必要过程。

那些有志于创业的聪明人，会从现代成功人士的传记中学到不少勤俭节约的故事，比如宗庆后曾经连拖布笤帚的损耗都要亲自了解，比如李嘉诚一套西服穿了十年，再比如任正非去食堂打饭等，所以他们认为，偶尔饿一顿，偶尔少一次聚会，就能多攒一点钱，而这些钱可能在将来派上大用场。

另一方面，节约是一种优秀的特质。

聪明人眼里不仅盯着钱，也会盯着很多虚拟财产，这其中就包括社会评价、道德高地、精神信仰等。当他们了解了很多伟人的故事以后，会由衷地认为节约几乎是他们共有的特质，因为铺张浪费的人很少能得到别人的崇拜。带着这种先入为主的观念，他们就开始了疯狂的节约美德展示。

平心而论，上述两个理由并没有什么不对，不过问题在于，聪明人会在执行的过程中逐渐跑偏或者是曲解了其中的含义。原始资本需不需要节约？当然需要，可问题是什么事情需要节约？你自己吃饭可以排队去食堂，可如果约见客户也换在食堂，这显然有悖于一般的社交法则。再者，这个节约的尺度是多大？你可以少吃点荤菜，但不意味着你要少吃半碗饭。另外，所谓的节约是优秀特质，要放在特定的环境中，比如领导人以身作则这没问题，可如果公司在发年终奖的时候，老板舍不得给员工而是美其名曰把钱用于再生产，这样的节约真的是一种优良品质吗？

更重要的是，我们应该认清一个事实：那些看起来没必要的消费，其实是在创造新的财富。

一位游客来到一个小镇的酒店准备入住，他先是交了一百元钱当做押金，然后服务员带这位游客去楼上看房。这个时候，店主就将游客的一百元还给了卖肉的，卖肉的又将这笔钱还给了卖布的，卖布的最后把钱又还给了店主用于偿还之前拖欠的房费。就在这时，这位游客看房之后觉得不满意，于是店主就把一百元还给了游客。怎么样？一百元分文未少，却因为在小镇上转了一圈还清了所有人的债务，这就是流通的力量。

如果那位游客是一个信奉节约创富理论的人，不去酒店入住，而是找个凉快的树荫下面准备对付一夜，他是能省下一百元钱，可这个小镇的债务怪圈却还是摆在那里消不掉。

在经济学层面，凯恩斯认为越是节约越会产生衰败，其实在日常生活的其他领域也有相似的现象，那就是我们越是节约“原力”，也越容易失去机会。

所谓的“原力”是什么呢？它可以是我们的社交需求，可以是我们玩乐的欲望，也可以是我们对美食的执念。从表面上看，我们少参加一次聚会能节约时间和金钱，少玩耍一天能集中精力、保留体力，少吃一顿美食能省钱和避免发胖，但这只是账面上的计算。实际的情况是，我们可能因为少参加一次聚会，失去了和一个“贵人”结识的好机会；我们少出去玩一会儿，却失去了在玩乐中获得创业灵感的机会；我们少吃一顿美食，却少了一次提升烹饪技巧的机会……类似的例子实在数不胜数。当然，这不代表着我们可以从节约转向浪费，我们反思的是“为了节约而节约”和“把过度节约贴上优秀的标签”这两种认知错误。

从另一个角度看，节约悖论是提醒人们不要养成万事都要节约的思维习惯，这才是最可怕的。事实上，一两次的无脑节约未必会产生多么坏的影响，但就怕你养成了这种思维习惯，只要不是生活工作必需的开支就一律砍掉，这就会让你在分析问题时，只顾着看花了多少，却很少计算能收益多少，这里的收益也包含了潜在收益以及无形资产等。

也许有人认为，分析经济学中的概念实在太折磨人了，其实也没必要为此焦头烂额，对于大多数普通人来说，我们不需要计算自己的一个经济行为会对社会有多少影响，而是要思考这种行为是否真正在维系我们的切身利益，它会让我们失去什么。我们可以为了买一件好看的衣服吃几顿泡面，因为一件新衣服可能让别人更注意你，甚至会帮你顺利通过一次面试。可我们不能为了省一顿饭去吃泡面，这样无脑攒下的钱很可能被你乱花到了别处，而你的营养健康却实打实地受到损害了。

4 跨栏定律：没挑战能成长?

最近几年，随着鸡汤文化越来越多，在坊间也出现了“反鸡汤文化”。顾名思义，这是站在传统鸡汤文化的对立面，提出新的观点。比如，过去的励志文化倡导人们要“感谢伤害过你的人，因为他们让你成长”，而现在这句话被当成了靶子，很多人表示：伤害就是伤害，和成长无关。

那么，这个反驳是错的吗？其实也不是，当别人有意伤害你的时候，你扛住了并因此成长了，这是你自我激励的结果，和对方无关，对方不过是无意中创造了一个外界条件而已。但问题在于，随着这一类反驳观点的提出，人们开始对它的近亲也逐一进行批驳，比如“不吃苦怎么能成功”被“顺境照样成才”的事例轮番爆锤，很多营销号为了吸引流量，也反复讲爱迪生的妈妈是怎么惯着儿子，最终惯出了一个大发明家的，还有阿姆斯特朗的妈妈是如何宠出了登月第一人的……客观地讲，反鸡汤文化有一定的积极性，但随着登上这辆车的人越来越多，各种牛鬼蛇神也开始了表演，一些自相矛盾的观点也就诞生了。

另外，随着佛系心态和丧文化的蔓延，加上一些确实存在的客观因素，让很多人特别是年轻人不再相信那些曾经打动我们的励志故事，甚至有很多长期宣扬“白手起家”的大佬们也被扒出并非是来自“普通家庭”，于是更多的人开始相信：通往成功的道路未必需要长满荆棘，也可以是一路鲜花和掌声。

反驳造假的事例没问题，顺境成功也是客观存在的，但不能忽视一个被科学论证过的定理——跨栏定律。

跨栏定律是指一个人的成就大小基本上取决于所遇到的困难的程度，也就是说横在你面前的栏越高，你自然就跳得越高。在现实生活中，很多现象都可以证明这个定理的科学性，比如盲人的听觉、触觉、嗅觉要比普通人更加灵敏，那些失去双臂的人双脚会更灵活，甚至平衡感也会变强……比较文艺的说法是，上帝给你关上了一扇门又打开了一扇窗。

跨栏定律是一位名叫阿费烈德的外科医生提出的，他一生解剖了很多具尸体，漫长的职业生涯让他发现一个奇怪的现象：那些患病器官并不是像人们认为的那样越来越脆弱，反而会在与疾病斗争的岁月中变得比正常器官更为强大，表现出一种代偿性。有一次，阿费烈德在解剖一位肾病患者的尸体时发现，那只患病的肾竟然比正常的肾更大，同样的现象也发生在其他肾病患者身上。除此之外，心脏病、肺病的患者器官也都有一种“强化”的现象发生。后来，阿费烈德专门撰写了一篇论文，从医学角度进行分析：这些患病器官由于要和疾病作斗争，所以功能不断增强。

这就是跨栏定律诞生的故事，一个完全依托于科学研究的客观理论。自然，这个定理应用在人生中也是有效的。

可惜的是，因为反鸡汤文化的出现，一些人特别是聪明人，开始不愿意相信这种“英雄自古多磨难”的故事。

在聪明人看来，提倡“吃苦才能成功”本质上是一种洗脑，是老板给员工繁重任务的最好借口，所以必须抵制。平心而论，这个观点也的确批判了目前职场上的一些糟粕励志文化，但如果转换一下角度：当你是自由职业者或者创业者的时候，这种吃苦文化给你洗脑是没什么意义的，即便是回到职场上也要具体问题具体分析。看看你的上司或者老板，刨除那些口含金匙出生的人，多数人也还是吃过苦、受过累的，最起码也是熬过岁月的，直接否定了吃苦等同于漠视跨栏定律的存在。

问题的大小，决定了答案的大小。不起眼的蚌能把沙子变成珍珠，这是要经历一番煎熬的。我们需要躲开障碍，但不能恐惧障碍甚至是只挑选光明大道上路。

那么，对于那些在顺境中同样成功的人，难道他们的一生都是在顺境中度过的吗？当然不是。爱迪生也打过工，也遭受过社会的嘲笑，他伟大的妈妈只能在有限的范围内保护他、支持他，剩下大部分事情还是需要他自己去做。同样，阿姆斯特朗也是经过了严苛的选拔和训练才登上月球的。还有那些出身并不普通的大佬，比如比尔·盖茨，他们的确有优于常人的外在条件，同样也离不开个人的努力，仅仅因为他妈妈是华盛顿大学的校董就认定他是靠裙带关系成功的吗？

走平道，谁都喜欢，这个世界上也的确有一路开挂最后成功的人，但这样的人毕竟是极少数，不具有代表性，即便你有了一个黄金开局，如果一顿胡乱操作也会被对手逆风翻盘的。重要的不是一个人在成功的道路上借助了谁的力量，而是在不考虑这些外界条件的基础上，你先要求自己成为一个能扛得住挫折、顶得住压力的人，具备了这些条件，再来一两个外援就是锦上添花。否则自身素质不过硬，超强外援也扶不起你这个阿斗。

英国有一句谚语叫做：如果这件事毁不了你，那它就会令你更加强大。如果从另一个角度解读这句话，我们也可以得出一个结论：苦难就相当于一个强大的过滤器，被它过滤掉的未必是失败者，但只有通过它的才是成功者。听起来这很像是社会达尔文主义，其实不然，我们并不需要被“人生必须要成功”这样的话绑架，我们需要的是在力所能及的范围内让自己变得更为强大，正如海明威在《老人与海》中写的那样：你可以消灭他，但就是打不败他。只要我们在心里成为那个和马林鱼、鲨鱼以及大海搏斗的圣地亚哥，我们就具备了在人生的跑道上跨栏的准备，至于能不能跳过去，那并不重要。

5 詹森效应：

心理素质不重要？忘带准考证怎么说？

每年高考的时候，除了热议各个省份的分数线、高考作文题之外，还少不了一个日常插播的小新闻，那就是某某考生忘带准考证。当然，通常这类新闻走的也是正能量路线，比如交警叔叔铁骑当先带着学生把准考证取回来，结局都是圆满的。不过在评论这一类新闻的时候，人们总会展开热烈的讨论：一个忘带准考证的学生，算不算真正具备了考试资格的人呢？有些人支持这种观点，认为忘记吃饭也不该忘记带准考证，也有人反对这种观点，认为都是第一次参加高考，紧张是难免的，不必苛责。

其实，关于高考生忘带准考证并没什么值得争议的，因为人生难免会有失误的时候，就算带了准考证，在考场上发挥失常的事情还少吗？但是通过这个问题，我们可以延伸出一个思考：如果你不是一个高考生，遇到“忘带准考证”这种事，还会有交警叔叔助你一臂之力吗？

在人生的道路上，类似高考甚至超过高考的挑战比比皆是，而你能享受强力外援的机会并不多见。所以要想避免这类事情发生，还是要从提升自己的心理素质开始，这就不能不提一个名词——詹森效应。

曾经有一名叫詹森的运动员，平时训练有素，实力雄厚，但在体育赛场上却连连失利，让自己和他人失望。不难看出这主要是压力过大，过度紧张所致。由此**人们把这种平时表现良好，但由于缺乏应有的心理素质而导致正式比赛失败的现象称为詹森效应。**

丹·詹森是奥运会速滑运动员，他有过夺得七枚奖牌并打破七项世界纪录的傲人成绩，然而他的夺金道路却一波三折，总是遇到各种意外变故。在1988年的加拿大卡尔加里冬季奥运会上，詹森是夺金大热门，可就在比赛当天早上，他得知姐姐去世的消息，严重影响了他的心情，虽然在比赛中他努力克制情绪，可依然无法达到最佳状态，最后失败。经过这次失利，詹森加强了训练，希望把丢掉的冠军夺回来。然而四年之后，詹森在法国阿尔贝维尔冬季奥运会上再度失利。

从实战成绩来看，詹森毫无疑问是王者，实力有目共睹，但是从临场表现上看，詹森却非常不稳定，往往越是被看好能夺冠的时候就越会因为紧张不安而发挥失常，这一点很像是那些忘带准考证的高考生。当然，也有人为詹森站台，认为他的负面情绪都是因为意外事件造成了干扰，这只能说他运气不太好，与自身的能力和心理素质并无多大关系，毕竟谁也不能在听到姐姐去世之后还保持平常心。

为詹森说话的人，恰恰有很多都是聪明人。在一些聪明人眼中，实力是实力，发挥是发挥，这两者是没有必然关系的。

为什么聪明人会有这样的想法？

聪明人往往都看重内因，因为他们笃信内因是决定因素，也是人们可以控制的存在，而实力就是内因之一，当一个人通过各种方法强化了实力之后，这个人就是一个强者。至于发挥，那本身是外因，是不可控制的，它可能只会造成微乎其微的影响，也可能造成巨大的打击，对于这种不可预估的存在，聪明人是不会费尽心力去研究的。

除了外因和内因的矛盾关系外，聪明人往往会从现实出发，站在一种“世事无常”的宏观哲学角度去看待问题，就像他们在观看足球比赛的时候总会想起德甲的那句名言：“你可以判断每一支球队的强弱，却无法预言每一场比赛的胜负。”在他们看来，这句经典名言正是阐述了“命运无常”，这和詹森所经历的意外是不谋而合。

关于聪明人的两个出发点，我们都能从中找到破绽。

关于外因和内因，聪明人自己的逻辑就有问题，既然内因是决定性因素，那为什么会被外因所干扰并左右了结局呢？这样看来难道不是外因才是起主导作用的吗？那一个人苦心练就的实力又有多大作用呢？不如把精力分出一些去给自己创造良好的外界条件。

关于胜负无常，单从宏观的哲学层面看没毛病，可凡事都要具体问题具体分析，德甲之所以流行这句话，是因为大多数球队的实力差距并没有那么大，即便是弱队也可能有个人能力强的前锋，强队也可能有个手脚不灵活的门将，所以胜负是存在摇摆的，就像段位差不多的剑客，如果能无限复活的话，很可能会打出很多种不同的结局。但如果是高手遇上菜鸟，结局只能有一个。

事实上，聪明人并没有弄清“实力”这个概念，实力中本来就该包含心理素质。我们很难说一个平时训练枪枪命中，到了战场却转身逃走的士兵是模范士兵。因为实力的展示不是在训练中，而是实战中。一个人如果难以承受实战压力，那还能称之为优秀吗？

为什么这么多人会发生詹森效应？首先因为这些人确实有过人之处，在平时已经赢得了大多数人的关注，形成了众星捧月的心理定势，所以他们在潜意识中认定决不能失败，加上实战时面临的高压力和高对抗的环境，让他们心理包袱过重，最终产生怯场心理，束缚了潜能的发挥。也正是因为优秀者才会发生詹森效应，所以头脑同样优秀的聪明人往往会只强调纸面实力，因为只有在纸面上他们的表现才是稳定的。

但是，否定临场发挥的结果、否定心理素质的重要性，这就是在否定强者的定义。

2004年雅典奥运会上，中国女排在先负于俄罗斯队两局、不能再失局的情况下，渐渐稳住了阵脚，在第三局时发挥出色，最终以3：2战胜俄罗斯队，一举夺得冠军。当国歌奏响之际，很多人为此落泪，这不仅是因为夺冠的荣誉，更是快因为这场比赛表现出的女排精神，而这种精神才代表了王者风范。所以，逆境之下，压力之下，并非不能逆袭而起，关键在于你的心理素质是否强大。

想要克服詹森效应，我们要从两个方面修炼。

第一，在困难面前相信自己。

给自己打气，永远是励志的第一步，只有充分相信自己，才能在面对困境时保持冷静，让自己尽快进入角色，发挥出正常水平。当然这需要一定的技巧，比如我们应该暗示自己“我能行”或者“对方怂了”，而不是“千万别紧张”或者“我不会输”，后者的暗示话术都是负面性的，反而会加剧内心的紧张，所以一定要从正面的角度鼓励自己。

第二，把注意力聚焦在过程中。

很多优秀者的失利是因为太看重结果，他们会在实战时不断考虑如果输了会怎么办，这样就在无形中给自己增添了压力，最后还没见到对手就可能心理崩溃了。所以，我们应当学会多留意过程，少关注结局，把任何一次参加的实战都当成一个可以享受的过程，这样才能让自己保持平常心，发挥正常水平。

人生在世，一路顺风不过是一种美好的期许，我们总是难免遇到各种挫折磨难，笑对人生是一种态度，笑对敌人是一种技巧，笑对成败是一种境界，多从境界上开导自己，多从技巧上击败对手，多从态度上放松精神，你就不会在关键时刻忘记“准考证”了。

6 约拿情结：你真的渴望成功？那比赛前哆嗦什么？

如果你去游泳馆，很可能会见到这么一种人：他们穿着崭新的游泳衣，站在水池边上，眼神中透露出些许刚毅和渴望，对着清澈的水池做好了一个优美的准备姿势，然而等了几分钟仍然静止如画。你问他们是不是在摆拍作秀，他们肯定会使劲摇头，他们来到游泳馆就是想学好游泳，成为字面意义上的弄潮儿，然而当他们面对波光粼粼的水池时，刚才在更衣室里发出的豪言壮语早就被抛到脑后了。

不要轻易嘲笑这些人，因为几乎每个人身上都发生过类似的事，它还有一个专有名词，叫做约拿情结。

约拿情结是美国著名心理学家马斯洛提出的心理学名词，一句话概括就是“我害怕成功”。在基督教中，“约拿”代表着鸽子，而鸽子可以传递情报，相当于传教士和信使。在圣经《旧约》中，约拿是一个人物，他是亚米太的儿子，是一位虔诚的基督徒，总是渴望能够得到神的差遣。一天，上帝耶和华终于交给了约拿一个光荣而艰巨的任务：传递神的旨意去赦免一座本来要被毁灭的城市。然而约拿接到任务后竟然畏惧了，开始东躲西藏，逃避上帝，而耶和华一次又一次地寻找他、唤醒他、惩戒他，还让一条大鱼吞了他。经历了一番拉锯战后，约拿这才悔改，最终完成了使命。

本应该是虔诚信徒的约拿为什么会有这样的心理现象呢？从心理动力学的角度看，人们害怕失败却也害怕成功。听起来有些不可思议，其实很好理解，因为害怕成功代表的是在机遇面前的自我逃避，是一种复杂的情绪状态，这会直接导致我们很难正视自己，不敢去做自己应该能做好的事情，甚至拒绝挖掘自身的潜力。

在日常生活中，约拿情结也被看成是一种“伪愚”，它的存在似乎有一定的合理性，所以在不少聪明人身上，约拿情结会表现得更加突出，这是为什么呢？

从自我实现的角度看，约拿情结是一种阻碍实现自我价值、发掘自身潜力的心理障碍因素。

第一，害怕“枪打出头鸟”。

这虽然是一句中国的俗语，但其中阐述的道理在世界范围内也是通用的。敢于冒尖的人，总会被当成另类甚至是异端，比如坚持日心说而被烧死的布鲁诺。退一步讲，即便社会上没有明显的歧视，冒尖的人往往也得不到有价值的社会资源，结果就是孤军奋战，越战越累。现在流行的佛系心态，从某种程度上就是这种心理的延伸。那么对于喜欢权衡利弊的聪明人来说，不轻易去当出头鸟就是最明智的选择，所以他们才会畏惧走上通向成功的道路。

第二，对试错成本的恐惧。

有些聪明人倒不是很在乎别人如何看待自己，也不介意单枪匹马地奋斗，但是他们对未知的恐惧却很强烈，他们担心犯错，更担心自己无法承担犯错后的成本，就像是一个准备向女神表白的爱慕者一样，一旦被对方拒绝可能连备胎都做不成了。其实，这些聪明人也知道试错是通向成功的必经之路，可他们从失败者的惨痛经历中吸取了太多负能量，变得胆怯起来。

第三，不愿意承认“独特的自我”。

人是社会性动物，绝大多数人无法离开集体而存活，这是聪明人都知道的事情。可是想要变得卓越，必然要展示出自己与众不同之处，这包括个性特质、思想观念、道德底线等，自然有人担心因此暴露出一个“独特的自我”，这个自我在外人眼中就是奇葩的存在，可能会被认定为不合群，也可能会被认定为反人类甚至反社会，于是这种恐惧会长久地控制住他们，让他们不敢轻易迈出第一步。

害怕因为出头被枪打，这个情有可原，但不能把它当成万能的保命策略，在社会环境极其恶劣的情况下，你可以保全自己，不做没必要的牺牲，但很多时候这种极端环境并不存在，我们对抗的无非是流言蜚语，如果连这点抗压能力都没有，那的确没必要去追求卓越，只甘于平庸永远是最安全的。同理，担心自己承受不起试错成本，这也是一种过度的焦虑，我们可以在动手前认真规划，尽量把风险控制到最低，如果实在无法避免，也要潇洒地接受现实并寻找东山再起的机会。关于担心“独特的自我”，其实这是一种自卑心态，我们要想让生命活得精彩，就要寻找身上与他人的不同之处，而这恰恰也是你吸引别人的地方，如果你真的泯然于众人了，还有什么独特的价值呢？

马斯洛曾经在上课的时候问他的学生这样的问题：“谁希望写出美国最伟大的小说？”“谁渴望成为一个圣人？”“谁将成为伟大的领导者？”等。结果如何呢？这些学生通常只是微笑或者红着脸，却没有人大声地说出来。于是，马斯洛就会问他们：“你们正在悄悄计划写一本什么伟大的心理学著作吗？”结果大家的反应还是扭扭捏捏的，最后马斯洛问学生们：“你难道不打算成为心理学家吗？”有人作出了肯定的回答，然而马斯洛却意味深长地说：“你是想成为一位沉默寡言、谨小慎微的心理学家吗？那有什么好处？那并不是一条通向自我实现的理想途径。”

马斯洛一句话说到了点子上，“自我实现”是人生最终极的目标，也是最能证明自身价值的存在。如果你在年轻的时候怕这怕那不敢“冒尖”，到了晚年你想要老树开新花就难上加难了。正如约拿传道的“悔改”一样，我们尽量不要为了没做过某事而后悔，宁可为了做过某事而遗憾。

想要克服约拿情结，需要从两个方面入手。

一方面，弱化自身的心理防御。

心理防御是人类的自我保护机制，但是这个机制如果预警线太高或者太低，都会失去效力甚至产生反作用，而约拿情结则是预警线太低造成的，只要觉得自己距离成功近了一步就会马上封闭自我，于是就产生了逃避的念头。为此，我们必须劝说自己从内心深处的安全地堡中走出来，勇敢地面对目标，合理释放自己的欲望而不是压抑它，这才是破解约拿情结的第一步。

另一方面，透过现象看本质。

有些人害怕成功，害怕与众不同，并不是真的得到了大数据警告，而是被自己想当然的假想结果欺骗了，比如在公司年会上，老板希望有人能临时出个节目，你却担心上台之后会被认为是爱表现自己，其实这就是多虑了，因为老板需要有人缓解他的尴尬，员工也希望有人站出来活跃一下气氛，你因为没有看到这一层而失去了一个展示自我的机会，实在是太可惜了。

人的一生中都会不断面临各种选择，如果每次面对选择都要本能地防卫和逃避，那么将会错失无数次可以改变命运的机会。有时候，哪怕向前迈进一小步，都可能改变整个人生的轨迹，你真的要因为约拿情结而葬送这些大好良机吗？